# 水利工程建设项目管理探索

曹延路　杨慧敏　刘　鹏　著



吉林科学技术出版社

**图书在版编目（CIP）数据**

水利工程建设项目管理探索 / 曹延路，杨慧敏，刘鹏著. -- 长春 : 吉林科学技术出版社，2024.3

ISBN 978-7-5744-1251-4

Ⅰ. ①水… Ⅱ. ①曹… ②杨… ③刘… Ⅲ. ①水利工程—基本建设项目—工程项目管理 Ⅳ. ①TV512

中国国家版本馆 CIP 数据核字 (2024) 第 069090 号

# 水利工程建设项目管理探索

主　　编　曹延路　杨慧敏　刘　鹏
出 版 人　宛　霞
责任编辑　马　爽
封面设计　树人教育
制　　版　树人教育
幅面尺寸　185mm×260mm
开　　本　16
字　　数　320 千字
印　　张　14.5
印　　数　1~1500 册
版　　次　2024 年 3 月第 1 版
印　　次　2024 年12月第 1 次印刷

出　　版　吉林科学技术出版社
发　　行　吉林科学技术出版社
地　　址　长春市福祉大路5788 号出版大厦A 座
邮　　编　130118
发行部电话/传真　0431-81629529 81629530 81629531
81629532 81629533 81629534
储运部电话　0431-86059116
编辑部电话　0431-81629510
印　　刷　廊坊市印艺阁数字科技有限公司

书　　号　ISBN 978-7-5744-1251-4
定　　价　90.00元

# 前 言

水利工程作为我国基础性的设施建设,对促进我国经济发展起到至关重要的作用，而且水利工程作为一项步骤繁杂且耗时久的工程，在整个建设的过程中各个环节都需要引起注意并且进行完善的管理。只有努力探索存在于各个环节中的问题并且不断进行解决、完善，才能确保最后水利工程的质量。

当前，水利工程处于快速发展和变化时期，随着建筑市场管理力度的加大，先进技术的推广和应用，工程施工管理水平有了很大的提高。但是，因从事施工人员业务水平参差不齐，施工管理仍存在诸多问题。为了更好地适应水利工程施工现代管理的要求，满足培训及学习要求。

水利工程施工建设与管理存在着密切的联系，二者是相互统一的，只有将二者完美地结合在一起，才能从根本上有效促进水利工程的整体质量与安全水平的提高。在工程建设过程中，更是要严格加强各个部门之间的协调、合作，提高管理者、施工人员的整体素质，确保监管人员进行有效的现场监管，才能将水利工程的建设与管理工作做到更完善。

本书的选材和编写还有一些不尽如人意的地方，加上编者学识水平和时间所限，书中难免存在缺点和谬误，敬请同行专家及读者指正，以便进一步完善提高。

# 目录

# 第一章　绪论

## 第一节　水利工程建设的特点

水利水电工程施工的最终成果是水利水电工程建筑产品。水利水电工程的建筑产品与其他工程的建筑产品一样，与一般的工业生产产品不同，具有体型庞大整体难分、不能移动等特点。同时水利水电建筑产品还有着与其他建筑工程不同的特点。只有对水利水电工程建筑产品的特点及其生产过程进行研究，才能更好地组织建筑产品的生产，保证产品的质量。

### 一、水利水电工程建筑产品的特点

#### （一）与一般工业产品相比

**1. 产品的固定性**

水利水电工程建筑产品与其他工程的建筑产品一样，是根据使用者的使用要求，按照设计者的设计图纸，经过一系列的施工生产过程，在固定点建成的。建筑产品的基础与作为地基的土地直接联系，因而建筑产品在建造中和建成后是不能移动的，建筑产品建在哪里就在哪里发挥作用。在有些情况下，一些建筑产品本身就是土地不可分割的一部分，如油气田、桥梁、地铁、水库等。固定性是建筑产品与一般工业产品的最大区别。

**2. 产品的多样性**

水利水电工程建筑产品一般是由设计和施工部门根据建设单位（业主）的委托，按特定的要求进行设计和施工的。由于对水利水电工程建筑产品的功能要求多种多样，因而对每一水利水电建筑产品的结构、造型、空间分割、设备配置都有具体要求。即使功能要求建筑类型相同，但由于地形、地质等自然条件不同以及交通运输、材料供应等社会条件不同，在建造时施工组织施工方法也存在差异。水利水电工程建筑产品的这种特点决定了水利水电工程建筑产品不能像一般工业产品那样进行批量生产。

**3. 产品体积庞大**

水利水电工程建筑产品是生产与应用的场所，要在其内部布置各种生产与应用必要的设备与用具，因而与其他工业产品相比，水利水电工程建筑产品体积庞大，占有广阔的空间，排他性很强。因其体积庞大，水利水电工程建筑产品对环境的影响很大，必须控制建筑区位密度等，建筑必须服从流域规划和环境规划的要求。

**4. 产品的高值性**

能够发挥投资效用的任一项水利水电工程建筑产品，在其生产过程中耗用大量的材料、人力、机械及其他资源，不仅是形体庞大，而且造价高昂，动则数百万元、数千万元、数亿元人民币，特大的水利水电工程项目其工程造价可达数十亿元、数百亿元、数千亿元人民币。产品的高值性也是其工程造价，关系到各方面的重大经济利益，同时也会对宏观经济产生重大影响。

### （二）与其他建筑产品相比

**1. 水利水电建筑产品进入地下部分比重较大**

水利水电建筑产品是建筑产品的一类。但是就水利水电建筑产品与其他建筑产品（如工业与民用建筑道路建筑等）又有所不同。主要特点在水利水电工程，进入地下的部分比其他的建筑工程比重要大，枢纽工程、闸坝、桥（涵）、洞（涵）都具有这一特点。

**2. 水利水电建筑产品临时工程比重较大**

水利水电工程的建设除建设必需的永久工程外，还需要一些临时工程。如围堰、导流、排水临时道路等。这些临时工程大多都是一次性，主要功能是为了永久建筑物的施工和设备的运输安装。因此临时工程的投资比较大，根据不同规模、不同性质，所占总投资比重一般在10%~40%之间。

## 二、水利水电建筑施工的特点

### （一）施工生产的流动性

水利水电工程建筑产品施工的流动性有两层含义。

首先，由于水利水电工程建筑产品是在固定地点建造的，生产者和生产设备要随着建筑物建造地点的变更而流动，相应材料、附属生产加工企业、生产和生活设施也经常迁移。另一层含义指由于水利水电工程建筑产品固定在土地上，与土地相连，在生产过程中，产品固定不动，人、材料、机械设备围绕着建筑产品移动，要从一个施工段转移到另一个施工段，从水利水电工程的一个部分转移到另一个部分。这一特点要求通过施工组织设计，能使流动的人、机、物等相互协调配合，做到连续均衡施工。

（二）施工生产的单件性

水利水电工程建筑产品施工的多样性决定了水利水电工程建筑产品的单件性。每项建筑产品都是按照建设单位的要求进行施工的，都有其特定的功能、规模和结构特点，所以工程内容和实物形态都具有个别性、差异性。而工程所处的地区、地段不同更增强了水利水电工程建筑产品的差异性，同一类型工程或标准设计，在不同的地区、季节及现场条件下，施工准备工作施工工艺和施工方法不尽相同，所以水利水电工程建筑产品只能是单件产品，而不能按通过定型的施工方案重复生产。这一特点就要求施工组织实际编制者考虑设计要求、工程特点、工程条件等因素，制订出可行的水利水电工程施工组织方案。

（三）施工生产过程的综合性

水利水电工程建筑产品的施工生产涉及施工单位、业主、金融机构、设计单位、监理单位、材料供应部门、分包单位等多个单位、多个部门的相互配合、相互协助，决定了水利水电工程建筑产品施工生产过程具有很强的综合性。

（四）施工生产受外部环境影响较大

水利水电工程建筑产品体积庞大，使水利水电工程建筑产品不具备在室内施工生产的条件，一般都要求露天作业，其生产受到风、霜、雨，雪、温度等气候条件的影响；水利水电工程建筑产品的固定性决定了其生产过程会受到工程地质、水文条件变化的影响，以及地理条件和地域资源的影响。这些外部因素对工程进度、工程质量、建造成本都有很大影响。这一特点要求水利水电工程建筑产品生产者提前进行原始资料调查，制定合理的季节性施工措施、质量保证措施、安全保证措施等，科学组织施工，使生产有序进行。

（五）施工生产过程具有连续性

水利水电工程建筑产品不能像其他许多工业产品一样可以分解若干部分同时生产，而必须在同一固定场地上按严格程序继续生产，上一道工序不完成，下一道工序不能进行。水利水电工程建筑产品是持续不断的劳动过程的成果，只有全部生产过程完成，才能发挥其生产能力或使用价值。一个水利水电建设工程项目从立项到使用要经历多个阶段和过程，包括设计前的准备阶段、设计阶段、施工阶段、使用前准备阶段（包括竣工验收和试运行）和保修阶段。这是一个不可间断的、完整的周期性生产过程，它要求在生产过程中各阶段、各环节、各项工作有条不紊地组织起来，在时间上不间断，空间上不脱节。要求生产过程的各项工作必须合理组织、统筹安排，遵守施工程序按照合理的施工顺序科学地组织施工。

## 第二节 水利工程建设项目的划分

### 一、建筑工程

**1. 枢纽工程**

枢纽工程是指水利枢纽建筑物（含引水工程中的水源工程）和其他大型独立建筑物。包括挡水工程、泄洪工程、引水工程、发电厂工程、升压变电站工程、航运工程。鱼道工程、交通工程、房屋建筑工程和其他建筑工程。其中，挡水工程等前七项称为主体建筑工程。

（1）挡水工程。包括挡水的各类坝（闸）工程。

（2）泄洪工程。包括溢洪道、泄洪洞、防空洞等工程。

（3）引水工程。包括发电引水明渠、进（取）水口、调压井、高压管道等工程。

（4）发电厂工程。包括地面、地下各类发电厂工程。

（5）升压变电站工程。包括升压变电站、开关站等工程。

（6）航运工程。包括上下游引航道、船闸、升船机等工程。

（7）鱼道工程。根据枢纽建筑物布置情况，可独立列项，与拦河坝相结合的，也可作为拦河坝工程的组成部分。

（8）交通工程。包括上坝、进厂、对外等场内外永久公路、桥梁、铁路、码头等交通工程。

（9）房屋建筑工程。包括为生产运行服务的永久性辅助生产厂房、仓库、办公、生活及文化福利等房屋建筑和室外工程。

（10）其他建筑工程。包括内外部观测工程，动力线路（厂坝区），照明线路，通信线路，厂坝区及生活区供水、供热、排水等公用设施工程，厂坝区环境建筑工程，水情自动测报系统工程及其他。

### 2. 引水工程及河道工程

引水工程及河道工程是指供水、灌溉、河湖整治、堤防修建与加固工程。包括供水、灌溉渠（管）道、河湖整治与堤防工程，建筑物工程（水源工程除外），交通工程，房屋建筑工程，供电设施工程和其他建筑工程。

（1）供水、灌溉渠（管）道、河湖整治与堤防工程。包括渠（管）道工程、清淤疏浚工程、堤防修建与加固工程等。

（2）建筑物工程。包括泵站、水闸、隧洞、渡槽、倒虹吸、跌水、小水电站、排水沟（涵）、调蓄水库等工程。

（3）交通工程。指永久性公路、铁路、桥梁、码头等工程。

（4）房屋建筑工程。包括为生产运行服务的永久性辅助生产厂房、仓库、办公、生活及文化福利等房屋建筑和室外工程。

（5）供电设施工程。指为工程生产运行供电需要架设的输电线路及变配电设施工程。

（6）其他建筑工程。包括内外部观测工程，照明线路，通信线路，厂坝（闸、泵站）区及生活区供水、供热、排水等公用设施工程，工程沿线或建筑物周围环境建设工程，水情自动测报系统工程及其他。

## 二、机电设备及安装工程

### 1. 枢纽工程

枢纽工程是指构成该组工程固定资产的全部机电设备及安装工程。本部分由发电设备及安装工程、升压变电设备及安装工程和公用设备及安装工程三项组成。

（1）发电设备及安装工程。包括水轮机、发电机、主阀、起重机、水力机械辅助设备、电气设备等设备及安装工程。

（2）升压交电设备及安装工程。包括主变压器、高压电气设备、一次拉线等设备及安装工程。

（3）公用设备及安装工程。包括通信设备，通风采暖设备，机修设备，计算机监控系统，管理自动化系统，金厂接地及保护网，电梯，坝区供电设备，厂坝区及生活区供水、排水、供热设备，水文。泥沙监测设备，水情自动测报系统设备，外部观测设音，消防设备，交通设备等设备及安装工程。

### 2. 引水工程及河道工程

引水工程及河道工程是指构成该工程固定资产的全部机电设备及安装工程。本部分一般由泵站设备及安装工程、小水电站设备及安装工程、供变电工程和公用设备及安装工程四项组成。

（1）泵站设备及安装工程。包括水泵、电动机、主阀、起重设备、水力机械辅助设备、电气设备等设备及安装工程。

（2）小水电站设备及安装工程。其组成内容可参照枢纽工程的发电设备及安装工程和升压变电设备及安装工程。

（3）供变电工程。包括供电、变配电设备及安装工程。

（4）公用设备及安装工程。包括通信设备，通风采暖设备，机修设备，计算机监控系统，管理自动化系统，全厂接地及保护网，坝（闸、泵站）区馈电设备，厂坝（闸、泵站）区供水、排水、供热设备，水文、泥沙监测设备，水情自动测报系统设备，外部观测设备，消防设备，交通设备等设备及安装工程。

## 三、金属结构设备及安装工程

金属结构设备及安装工程是指构成枢纽工程和其他水利工程固定资产的全部金属结构设备及安装工程。包括闸门、启闭机、拦污栅、升船机等设备及安装工程，压力钢管制作及安装工程和其他金属结构设备及安装工程。

金属结构设备及安装工程项目要与建筑工程项目相对应。

## 四、施工临时工程

施工临时工程是指为辅助主体工程施工所必须修建的生产和生活用临时性工程。该部分组成内容如下：

1. 导流工程。包括导流明渠、导流洞、施工围堰、蓄水期下游断流补偿设施、金属结构设备及安装工程等。

2. 施工交通工程。包括施工现场内外为工程建设服务的临时交通工程，如公路、铁路、桥梁、施工支洞、码头、转运站等。

3. 施工场外供电工程。包括从现有电网向施工现场供电的高压输电线路（枢纽工程：35kV及以上等级；引水工程及河道工程：10kV及以上等级）和施工变（配）电设施（场内除外）工程。

4. 施工房屋建筑工程。指工程在建设过程中建造的临时房屋，包括施工仓库、办公及生活、文化福利建筑和所需的配套设施工程。

5. 其他施工临时工程。指除施工导流、施工交通、施工场外供电、施工房屋建筑、缆机平台以外的施工临时工程。主要包括施工供水（大型泵房及干管）、砂石料系统、混凝土拌和浇筑系统、大型机械安装拆卸、防汛、防冰、施工排水、施工通信、施工临时支护设施（含隧洞临时钢支撑）等工程。

# 第三节　水利工程基本建设程序

我国基本建设程序最初是 1952 年政务院正式颁布的，基本上是苏联管理模式和方法的翻版。随着各项建设事业的不断发展，尤其是近十多年来管理体制的一系列改革，基本建设程序也在不断变化、逐步完善和科学化。

工程建设一般要经过规划、设计、施工等阶段以及试运转和验收等过程，才能正式投入生产。工程建成投产以后，还需要进行观测、维修和改进。整个工程建设过程是由一系列紧密联系的过程组成的，这些过程既有顺序联系，又有平行搭接关系，在每个过程以及过程与过程之间又由一系列紧密相连的工作环节构成一个有机整体，由此构成了反映基本建设内在规律的基本建设程序，简称基建程序。基本建设程序是基本建设中的客观规律，违背它必然会受到惩罚。

基建程序中的工作环节，多具有环环相扣、紧密相连的性质。其中任意一个中间环节的开展，至少要以一个先行环节为条件，即只有当它的先行环节已经结束或已进展到相当程度时，才有可能转入这个环节。基建程序中的各个环节，往往涉及好几个工作单位，需要各个单位的协调和配合，否则，稍有脱节，就会带来牵动全局的影响。基建程序是在工程建设实践中逐步形成的，它与基本建设管理体制密切相关。

水利工程建设方面项目管理的重要文件是《水利工程建设项目管理规定（试行）》（水利部水建〔1995〕128 号），该规定发布实施于 1995 年 4 月 21 日，共分为总则、管理体制及职责、建设程序、实行“三项制度”改革、其他管理制度、附则等六章。有关水利工程建设程序的规范性文件是《水利工程建设程序管理暂行规定》（水利部水建〔1998〕16 号），该规定于 1998 年 1 月 7 日发布施行，共 24 条。

《水利工程建设项目管理规定（试行）》规定：“水利是国民经济的基础设施和基础产业。水利工程建设要求严格按建设程序进行。水利工程建设程序一般分为项目建设书、可行性研究报告、初步设计、施工准备（包括招标设计）、建设实施、生产准备竣工验收、后评价等阶段。”

根据《水利基本建设投资计划管理暂行办法》，水利基本建设项目的实施，必须首先通过基本建设程序立项。水利基本建设项目的立项报告要根据国家的方针政策。已批准的江河流域综合治理规划、专业规划和水利发展中长期规划，由水行政主管部门提出，通过基本建设程序申请立项。

## 一、水利工程建设项目的分类

根据《水利基本建设投资计划管理暂行办法》的规定，水利基本建设项目的类型按以下标准进行划分。

1. 水利基本建设项目按其功能和作用分为公益性、准公益性和经营性。

（1）公益性项目是指具有防洪、排涝、抗旱和水资源管理等社会公益性管理和服务功能，自身无法得到相应经济回报的水利项目，如堤防工程、河道整治工程、蓄滞洪区安全建设工程、除涝、水土保持、生态建设、水资源保护、贫苦地区人畜饮水、防汛通信、水文设施等。

（2）准公益性项目是指既有社会效益又有经济效益的水利项目，其中大部分是以社会效益为主，如综合利用的水利枢纽（水库）工程、大型灌区节水改造工程等。

（3）经营性项目是指以经济效益为主的水利项目，如城市供水、水力发电、水库养殖、水上旅游及水利综合经营等。

2. 水利基本建设项目按其对社会和国民经济发展的影响分为中央水利基本建设项目（简称中央项目）和地方水利基本建设项目（简称地方项目）。

（1）中央项目是指对国民经济全局、社会稳定和生态环境有重大影响的防洪、水资源配置、水土保持、生态建设、水资源保护等项目，或中央认为负有直接建设责任的项目。

（2）地方项目是指局部受益的防洪除涝、城市防洪、灌溉排水、河道整治、供水、水土保持、水资源保护、中小型水电站建设等项目。

3. 水利基本建设项目根据其建设规模和投资额分为大中型和小型项目。

大中型水利基本建设项目是指满足下列条件之一的项目：

（1）堤防工程：一、二级堤防。

（2）水库工程：总库容 1 000$m^3$ 以上（含 1 000$m^3$，下同）。

（3）水电工程：电站总装机容量 5 万 kW 以上。

（4）灌溉工程：灌溉面积 30 万亩（2 万 $hm^2$）以上。

（5）供水工程：日供水 10 万 t 以上。

（6）总投资在国家规定的限额以上的项目。

## 二、管理体制及职责

我国目前的基本建设管理体制大体是：对于大中型工程项目，国家通过计划部门及各部委主管基本建设的司（局），控制基本建设项目的投资方向；国家通过建设银行管理基本建设投资的拨款和贷款；各部委通过工程项目的建设单位，统筹管理工程的勘测、设计、科研、施工、设备材料订货、验收以及筹备生产运行管理等各项工作；参与基本建设活动的勘测、设计、施工、科研和设备材料生产等单位，按合同协议与建设单位建立联系或相互之间建立联系。

2002 年 10 月 1 日开始施行的《中华人民共和国水法》对我国水资源管理体制做出了明确规定："国家对水资源实行流域管理与行政区域管理相结合的管理体制。国务院水行政主管部门负责全国水资源的统一管理和监督工作。国务院水行政主管部门在国家确定的重要江河、湖泊设立的流域管理机构，在所管辖的范围内行使法律、行政法规规定的和国务院水行政主管部门授予的水资源管理和监督职责。县级以上地方人民政府水行政主管部门按照规定的权限，负责本行政区域内水资源的统一管理和监督工作。国务院有关部门按照职责分工，负责水资源开发、利用、节约和保护的有关工作。县级以上地方人民政府有关部门按照职责分工，负责本行政区域内水资源开发、利用、节约和保护的有关工作。"

《水利工程建设项目管理规定（试行）》进一步明确：水利工程建设项目管理实行统一管理、分级管理和目标管理，逐步建立水利部、流域机构和地方水行政主管部门以及建设项目法人分级、分层次管理的管理体系。水利工程建设项目管理要严格按建设程序进行，实行全过程的管理、监督、服务。水利工程建设要推行项目法人责任制，招标投标制和建设监理制，积极推行项目管理。水利部是国务院水行政主管部门，对全国水利工程建设实行宏观管理，水利部建管司是水利部主管水利建设的综合管理部门，在水利工程建设项目管理方面，其主要管理职责有以下几个方面：

1. 贯彻执行国家的方针政策，研究制定水利工程建设的政策法规，并组织实施。

2. 对全国水利工程建设项目进行行业管理。

3. 组织和协调部属重点水利工程的建设。

4. 积极推行水利建设管理体制的改革，培育和完善水利建设市场。

5. 指导或参与省属重点大中型工程、中央参与投资的地方大中型工程建设的项目管理。

流域机构是水利部的派出机构，对其所在流域行使水行政主管部门的职责，负责本流域水利工程建设的行业管理。

省（自治区、直辖市）水利（水电）厅（局）是本地区的水行政主管部门，负责本地区水利工程建设的行业管理。

水利工程项目法人对建设项目的立项筹资、建设、生产经营、还本付息以及资产保值增值的全过程负责，并承担投资风险。代表项目法人对建设项目进行管理的建设单位是项目建设的直接组织者和实施者，负责按项目的建设规模、投资总额、建设工期、工程质量实行项目建设的全过程管理，对国家或投资各方负责。

## 三、各阶段的工作要求

根据《水利工程建设项目管理规定（试行）》和《水利基本建设投资计划管理暂行办法》的规定，水利工程建设程序中各阶段的工作要求如下。

### （一）项目建议书阶段

（1）项目建议书应根据国民经济和社会发展规划、流域综合规划、区城综合规划、专业规划，按照国家产业政策和国家有关投资建设方针进行编制，是对拟进行建设项目提出的初步说明。

（2）项目建议书应按照《水利水电工程项目建议书编制暂行规定》编制。

（3）项目建议书的编制一般委托有相应资格的工程咨询或设计单位承担。

### （二）可行性研究报告阶段

（1）根据批准的项目建议书，可行性研究报告应对项目进行方案比较，对技术上是否可行和经济上是否合理进行充分的科学分析和论证。经过批准的可行性研究报告，是项目决策和进行初步设计的依据。

（2）可行性研究报告应按照《水利水电工程可行性研究报告编制规程》（DL 5020—93）编制。

（3）可行性研究报告的编制一般委托有相应资格的工程咨询或设计单位承担。可行性研究报告经批准后，不得随意修改或变更，在主要内容上有重要变动时，应经过原批准机关复审同意。

### （三）初步设计阶段

（1）初步设计是根据批准的可行性研究报告和必要而准确的勘察设计资料，对设计对象进行通盘研究，进一步阐明拟建工程在技术上的可行性和经济上的合理性，确定项目的各项基本技术参数，编制项目的总概算。其中概算静态总投资原则上不得突破已批准的可行性研究报告估算的静态总投资。由于工程项目基本条件发生变化，引起工程规模、工程标准、设计方案、工程量的改变，其概算静态总投资超过可行性研究报告相应估算的静态总投资在 15% 以下时，要对工程变化内容和增加投资提出专题分析报告；超过 15%（含 15%）时，必须重新编制可行性研究报告并按原程序报批。

（2）初步设计报告应按照《水利水电工程初步设计报告编制规程》（DL 5021—93）编制。

初步设计报告经批准后，主要内容不得随意修改或变更，并作为项目建设实施的技术文件基础。在工程项目建设标准和概算投资范围内，依据批准的初步设计原则，一般非重大设计变更、生产性子项目之间的调整由主管部门批准。在主要内容上有重要变动或修改（包括工程项目设计变更、子项目调整、建设标准调整、概算调整）等，应按程序上报原批准机关复审同意。

（3）初步设计任务应选择有项目相应资格的设计单位承担。

### （四）施工准备阶段

施工准备阶段是指建设项目的主体工程开工前，必须完成的各项准备工作。其中招标设计是指为施工以及设备材料招标而进行的设计工作。

### （五）建设实施阶段

建设实施阶段是指主体工程的建设实施，项目法人按照批准的建设文件，组织工程建设，保证项目建设目标的实现。

### （六）生产准备（运行准备）阶段

生产准备（运行准备）指在工程建设项目投入运行前所进行的准备工作，完成生产准备（运行准备）是工程由建设转入生产（运行）的必要条件。项目法人应按照建管结合和项目法人责任制的要求，适时做好有关生产准备（运行准备）工作。生产准备（运行准备）应根据不同类型的工程要求确定，一般包括以下几方面的主要工作内容：

（1）生产（运行）组织准备。建立生产（运行）经营的管理机构及相应管理制度。

（2）招收和培训人员。按照生产（运行）的要求，配套生产（运行）管理人员，并通过多种形式的培训，提高人员的素质，使之能满足生产（运行）要求。生产（运行）管理人员要尽早介入工程的施工建设，参加设备的安装调试工作，熟悉有关情况，掌握生产（运行）技术，为顺利衔接基本建设和生产（运行）阶段做好准备。

（3）生产（运行）技术准备。主要包括技术资料的汇总、生产（运行）技术方案的制订、岗位操作规程制定和新技术准备。

（4）生产（运行）物资准备。主要是落实生产（运行）所需的材料、工器具、备品备件和其他协作配合条件的准备。

（5）正常的生活福利设施准备。

### （七）竣工验收

竣工验收是工程完成建设目标的标志，是全面考核建设成果、检验设计和工程质量的重要步骤。竣工验收合格的工程建设项目即可以从基本建设转入生产（运行）。

竣工验收按照《水利水电建设工程验收规程》（SL 223—1999）进行。

### （八）后评价

（1）工程建设项目竣工验收后，一般经过 1~2 年生产（运行）后，要进行一次系统的项目后评价，主要内容包括：

影响评价——对项目投入生产（运行）后对各方面的影响进行评价；

经济效益评价——对项目投资、国民经济效益、财务效益、技术进步和规模效益、可行性研究深度等进行评价；

过程评价——对项目的立项、勘察设计、施工、建设管理、生产（运行）等全过程进行评价。

（2）项目后评价一般按三个层次组织实施，即项目法人的自我评价、项目行业的评价和计划部门（或主要投资方）的评价。

（3）项目后评价工作必须遵循客观、公正、科学的原则，做到分析合理、评价公正。

# 第四节　水利工程建设模式

## 一、平行发包管理模式

平行发包模式是水利工程建设在早期普遍实施的一种建设管理模式，是指业主将建设工程的设计、监理、施工等任务经过分解分别发包给若干个设计、监理、施工等单位，并分别与各方签订合同。

### （一）优点

（1）有利于节省投资。一是与 PMC、PM 模式相比节省管理成本；二是根据工程实际情况，合理设定各标段拦标价。

（2）有利于统筹安排建设内容。根据项目每年的到位资金情况择优计划开工建设内容，避免因资金未按期到位影响整体工程进度，甚至造成工程停工、索赔等问题。

（3）有利于质量、安全的控制。传统的单价承包施工方式，承建单位以实际完成的工程量来获取利润，完成的工程量越多获取的利润就越大，承建单位为寻求利润一般不会主动优化设计减少建设内容；而严格按照施工图进行施工，质量、安全得以保证。

（4）锻炼干部队伍。建设单位全面负责建设管理各方面工作，在建设管理过程中，通过不断学习总结经验，能有效地提高水利技术人员的工程建设管理水平。

### （二）缺点

（1）协调难度大。建设单位协调设计、监理单位以及多个施工单位、供货单位，协调跨度大，合同关系复杂，各参建单位利益导向不同、协调难度大、协调时间长，影响工程整体建设的进度。

（2）不利于投资控制。现场设计变更多，且具有不可预见性，工程超概算严重，投资控制困难。

（3）管理人员工作量大。管理人员需对工程现场的进度、质量、安全、投资等进行管理与控制，工作量大，需要具有管理经验的管理队伍，且综合素质要求高。

（4）建设单位责任风险高。项目法人责任制是“四制”管理中主要组成，建设单位直接承担工程招投标、进度、安全、质量、投资的把控和决策，责任风险高。

### （三）应用效果

采用此管理模式的项目多处于建设周期长，不能按合同约定完成建设任务，有些项目甚至出现工期遥遥无期情况，项目建设投资易超出初设批复概算，投资控制难度大，已完成项目还面临建设管理人员安置难问题。比如德江长丰水库，总库容 1105 万立方米，总投资 2.89 亿元，共分为 14 个标段，2011 年底开工，该工程现还未完工。

## 二、EPC 项目管理模式

EPC（Engineering-Procurement-Construction）即设计 - 采购 - 施工总承包，是指工程总承包企业按照合同约定，承担项目的设计、采购、施工、试运行服务等工作，并对承包工程的质量、安全、工期、造价全面负责。此种模式，一般以总价合同为基础，在国外，EPC 一般采用固定总价（非重大设计变更，不调整总价）。

### （一）优点

（1）合同关系简单，组织协调工作量小。由单个承包商对项目的设计、采购、施工全面负责，简化了合同组织关系，有利于业主管理，在一定程度上减少了项目业主的管理与协调工作。

（2）设计与施工有机结合，有利于施工组织计划的执行。由于设计和施工（联合体）统筹安排，设计与施工有机地融合，能够较好地将工艺设计与设备采购及安装紧密结合起来，有利于项目综合效益的提升，在工程建设中发现问题能得到及时有效的解决，避免设计与施工不协调而影响工程进度。

（3）节约招标时间、减少招标费用。只需 1 次招标，选择监理单位和 EPC 总承包商，不需要对设计和施工分别招标，节约招标时间，减少招标费用。

### （二）缺点

（1）由于设计变更因素，合同总价难以控制。由于初设阶段深度不够，实施中难免出现设计漏项引起设计变更等问题。当总承包单位盈利较低或盈利亏损时，总承包单位会采取重大设计变更的方式增加：工程投资，而重大设计变更批复时间长，影响工程进度。

（2）业主对工程实施过程参与程度低，不能有效全过程控制。无法对总承包商进行全面跟踪管理，不利于质量、安全控制。合同为总价合同，施工总承包方为了加快施工进度，获取最大利益，往往忽视工程质量与安全。

（3）业主要协调分包单位之间的矛盾。在实施过程中，分包单位与总承包单位存在利益分配纠纷，影响工程进度，项目业主在一定程度上需要协调分包单位与总承包单位的矛盾。

### （三）应用效果

由于初设与施工图阶段不是一家设计单位，设计缺陷、重大设计变更难以控制，项目业主与 EPC 总承包单位在设计优化、设计变更方面存在较大分歧，且 EPC 总承包单位内部也存在设计与施工利益分配不均情况，工程建设期间施工进度、投资难控制，例如某水库项目业主与 EPC 总承包单位由于重大设计变更未达成一致意见，导致工程停工 2 年以上，在变更达成一致意见后项目业主投资增加上亿元。

## 三、PM 项目管理模式

PM 项目管理服务是指工程项目管理单位按照合同约定，在工程项目决策阶段，为业主编制可行性研究报告，进行可行性分析和项目策划；在工程项目实施阶段，为业主提供招标代理、设计管理、采购管理、施工管理和试运行（竣工验收）等服务，代表业主对工程项目进行质量、安全、进度、投资、合同、信息等管理和控制。工程项目管理单位按照合同约定承担相应的管理责任。PM 模式的工作范围比较灵活，可以是全部项目管理的总和，也可以是某个专项的咨询服务。

### （一）优点

（1）提高项目管理水平。管理单位为专业的管理队伍，有利于更好地实现项目目标，提高投资效益。

（2）减轻协调工作量。管理单位对工程建设现场的管理和协调，业主单位主要协调外部环境，可减轻业主对工程现场的管理和协调工作量，有利于弥补项目业主人才不足的问题。

（3）有利于保障工程质量与安全。施工标由业主招标，避免造成施工标单价过低，有利于保证工程质量与安全。

（4）委托管理内容灵活。委托给 PM 单位的工作内容和范围也比较灵活，可以具体委托某一项工作，也可以是全过程、全方位的工作，业主可根据自身情况和项目特点有更多的选择。

### （二）缺点

（1）职能职责不明确。项目管理单位职能职责不明确，与监理单位职能存在交叉问题，比如合同管理、信息管理等。

（2）体制机制不完善。目前没有指导项目管理模式的规范性文件，不能对其进行规范化管理，有待进一步完善。

（3）管理单位积极性不高。由于管理单位的管理费为工程建设管理费的一部分，金额较小，管理单位投入的人力资源较大，利润较低。

（4）增加管理经费。增加了项目管理单位，相应地增加了一笔管理费用。

### （三）应用效果

采用此种管理模式只是简单的代项目业主服务，因为没有利益约束不能完全实现对项目参建单位的有效管理，且各参建单位同管理单位不存在合同关系，建设期间常常存在不服从管理或落实目标不到位现象，工程推进缓慢，投资控制难。

# 第二章　水利工程管理内容简述

## 第一节　水利工程造价分析

水利工程造价是一项集经济、技术、管理于一体的学科，对水利工程的施工、竣工全过程起到管控作用。要有力地控制工程造价，减少建设资金的浪费，就要根据市场情况，制订出合理的工程造价计划，并且严格地按照计划实施。本节首先分析了水利工程造价的影响因素，然后根据水利工程造价的发展现状，制定了相应的解决策略，帮助水利工程建设工作更好地开展。

### 一、水利工程造价的主要影响因素

水利工程造价的主要影响因素有直接工程费亦即制造成本、间接费、利润及税金。工程造价的管理内容涉及工程的建设前期、建设中期和建设后期等方面，与工程项目的各个阶段和环节密切相关，并且容易受到各种外部情况的影响。施工阶段是水利项目消耗资金的重要环节，对施工过程进行工程造价管理，有利于保证工程质量、降低施工成本、保证施工进度，因而有必要对水利工程造价的施工阶段进行造价控制，以达到保障证施工质量的情况下有效降低成本，保证进度，使水利工程的建设有序进行。

### 二、水利工程造价的发展现状

#### （一）信息时效性影响造价管理

工程造价的信息资料包括各种造价指标、价格信息等资料，带有新时代的资源分享性能，分享的信息具有时效性和有效性。但是，由于市场体系中存在种种客观及主观原因，使信息资源分享的时效性与有效性无法得到保证，各地区的造价管理部门不能及时发布市场的价格信息，导致水利工程的工程造价管理人员对信息资料无法及时掌握和使用，使造价管理不符合市场的发展。这种情况极大地影响了造价文件的编辑质量，给水利工程进行造价管理带来不良影响。

### （二）造价控制理念发展不完全

目前，我国的水利工程建设事业缺乏科学的造价控制理念，很多水利工程建设企业仍旧将造价控制工作停留在预结算层面，使造价控制缺乏应对风险的应变能力，导致水利工程建设过程存在安全隐患，造成施工过程中成本增加或资源浪费的现象的发生。在水利工程的建设过程中，由于缺乏对施工项目进行事前预算，导致施工过程中容易出现资金不足或资源浪费的现象，比如预算过高，导致工程原材料购买量过多，造成材料的浪费；如果预算过低，那么在施工过程中，将会出现由于成本不足使施工质量下降的情况，导致经常受到返工要求，使施工进度遭到拖延，耽误水利工程的建设与发展。所以要加强各个阶段的造价控制，要集中对可能造成造价偏差的因素进行归纳总结，并提出相应的纠偏措施，并且制订合理的人力、物力以及财力的使用方案，确保工程实施过程中投资控制的合理性，保证工程整体取得良好的经济效益和社会效益。

### （三）工程造价人员的素质有待提高

由于我国工程的施工人员普遍来自农村，所以综合素质普遍不高，而且管理人员缺乏一定的管理能力，导致工程建设项目的施工，过程中容易出现管理方面的问题，如工程量清单及工程设计变更增加的现象。这些问题的出现给工程造价带来一定的影响，使工作难度增加，从而导致工程结算额超出预期额度。

## 三、完善水利工程造价管理的策略

### （一）建立健全水利工程造价管理体系

首先，在制定水利工程造价管理体系之前，先加强水利工程各部门之间的联系，协调好各部门之间的关系，确保各部门之间沟通紧密，从而使得水利工程造价管理制度能够贯彻到单位内部，使管理效果更加有效；其次，要完善水利工程造价管理体系，首先需要从制定水利工程造价管理制度开始，建立健全工程造价的管理体系，制定相应的监督管理制度，对水利工程造价进行优化，确保水利工程造价管理工作更好地进行。

### （二）在项目开始前进行合理预算

在水利工程项目开始施工之前，开展造价管理的工作，对项目工程做出合理预算。在进行预算核算时，要减少资源浪费，减少移民搬迁数量，降低移民安置难度，采用新工艺、新材料，以经济效益最优的方法选择方案，有效减少施工成本。还要加强筹划资金的工作，充分评估资本金、借贷资金比例变化对降低资金使用成本的影响，优化工程造价的资金预算工作。

（三）对项目实施过程进行动态控制

水利工程项目建设周期一般比较长，在工程施工时容易出现材料价格与预期的数值有偏差，使工程造价存在误差。比如钢结构材料近年来价格波动比较大，而且在水利工程项目施工中需要用到大量钢结构材料，对水利工程造价总额会造成较大影响，这就要求我们及时整理相关价格调整的资料，结合最新的市场信息进行分析，尽可能预测和分析各种动态因素，有效防止价格风险，使造价动态管理作用于水利工程施工的全过程。

（四）提高工程造价管理人员的专业素质

在工程造价的管理进行时，由于缺少专业型的工程造价管理人才，工程造价工作无法得到发展。所以要对参与工程造价的工作人员进行定期的培训，提高工程造价制定的科学性，还要加强管理人员的管理培训工作，使水利工程的管理效果得到强化，促进水利工程造价企业的更好发展。

综上所述，水利建设工程是我国水资源分配的一个重要内容，随着我国经济的不断发展和综合国力的上升，国家也逐渐加大对水利建设投资。水利工程造价管理是进行水利工程建设的第一步，对项目施工的事前、事中、事后阶段进行造价管理，有利于实现各个程序间的合理控制及工程施工成本的减低。有利于促进水利工程建设的科学、有序地进行，对推动我国的经济发展和基础设施建设有着重要意义。

## 第二节　水利工程测量技术

随着我国市场经济不断地发展，衍生出了很多新型行业技术，其中水利工程项目也不断增多，因而也要求水利工程探测技术可以向网络化、自动化的方向发展，换句话说，随着我国经济的不断发展对水利工程测量技术水平的要求也在不断地提高。本节首先分析了水利工程测量技术当前的发展状况，其次分析水利工程各种测量技术在实际应用过程中的优势，最后对使用水利工程测量技术出现的问题制定了具有针对性的对策，希望这些对策可以在水利工程测量技术的实际应用中起到良好的效果。

通过对我国当前的市场经济进行分析可以发现，水利工程在我国国民经济中占有重要的比例，它的重要性不言而喻。但是，由于许多外界因素的影响，水利工程项目的市场竞争十分严峻，为了在残酷的竞争中脱颖而出，有些企业就会降低招标的金额，然后在水利工程建设过程中使用劣质的材料，导致水利工程的质量存在很大的问题，所以，对水利工程的质量进行测量就显得十分重要，针对水利工程测量的各种要求发展出了多种多样的测量技术，通过测量技术及时查验出水利工程质量的不足之处，对一些不符合标准之处及时采取有效措施进行改正，通过合理的使够测量技术来不断提高水利工程的质量，这不仅可以让企业的利益达到最大化，也在很大程度上影响着我国测绘事业的发展

## 一、水利工程测量技术的发展分析

### （一）数字化

目前，在水利工程测量中应用的数字测量技术种类很多，比如网络技术、计算机技术、信息技术等都在水利工程测量技术中得到了很好的应用，这就对测量技术在数字化这一特点上有了更高的标准和要求。通过使用数字技术可以更有针对性地对需要的区域进行标记甚至形成更直观的、更专业的地形图，测量技术的数字化应用可以提高水利工程中测绘成图这一过程的效率，也使水利工程的质量得到了一定的提升。随着数字化的发展，水利工程测量技术在一定的程度下改进了传统的测绘方式，并且在网络技术的作用下还可以很明显地提高数据的传输速率，缩短了水利工程测量工作的时间，也可以在信息技术的协助下成比例地缩放地形测量图，实现水利工程对测量环节的诸多需求。

### （一）自动化

为了测量到更多的、真实的数据，最终为水利工程提供全面的勘测数据，水利工程测量技术的自动化发展是其必然的趋势，这种自动化测量技术的应用可以对目标区域进行 24 小时的全天监控，可以随时在数据系统中抽调数据，满足了水利工程对于测量数据的各种需求。目前对于测绘技术自动化发展过程中最有意义的一项突破就是与“3S”技术联合使用，通过在测绘技术中使用“3S”技术可以不用接触实际工程对象就可以获得所需要的测量数据，还可以对这些数据进行信息处理，自动对数据进行识别、分析，对达不到标准的数据及时报警。这两项技术的联合应用，可以在很大程度上简化测量工作中的一些环节，减少了人们的工作，也避免了许多人为操作带来的误差，进而更好地根据水利工程测量工作的需求进行测绘工作，为水利工程的质量打下良好的基础。

## 二、工程测量技术的应用分析

### （一）GPS 测量技术

GPS 全球定位测量技术是通过卫星技术对施工作业目标物体进行定位的一种方法，GPS 技术通常被人们分为动态定位测量和静态定位测量两种，根据水利工程中的实际测量需要采用合适的测量技术。静态定位测量是以前常用的一种测量技术，因为它的操作比较简单，主要是通过 GPS 接收机对作业地点进行测量，虽然获得的数据比较准确、快速，但是这种技术多被用于较大规模的建筑测量，不适于小规模的建筑测量。动态定位测量才是我国现阶段最为常用的测量技术，它的优点就在于这种技术可以适应多种环境，在大型、中型工程中都可以使用此种测量技术，在一些环境比较恶劣，如野外也可以利用这种技术，并且通过使用动态测量技术获得的数据也比较精确，是目前应用范围最广的一种测量技术。GPS 测量技术操作简单，对工作人员的要求不高，工作人员只要会使用测量仪器，就能得到所需要的数据，所以可以在很大程度上缓解工作人员的压力，也在一定程度上保证了测量数据的真实性。

### （二）摄影测量技术

摄影测量技术是通过把摄像技术与数学原理融合到一起来进行测量的一种方法，简单来讲，就是通过摄影技术把之前测量得到的数据以图片的方式表现出来，在根据数学原理对图片的内容数据进行分析处理，在线路测量中经常可以看到摄影测量技术的身影。摄影测量技术常常被用在地形复杂、结构不明朗、测量地点面积大的区域，遥感测量技术是所有技术中应用范围最广、使用价值最高的一种测量技术，因为这种技术在多光谱航空领域中也可以使用，即使在多光谱航空领域中使用遥感测量技术获得的数据的准确性也十分高，并且数据也很全面。在使用遥感测量技术开展多光谱航空测量时，负责拍照的工作人员要具备一定的专业素养，通过 RS 测量方法对取得的数据进行研究分析，最后将数据资源在实际工作中进行应用，遥感测量技术的应用较大程度上加强了测量工作的质量。

### （三）变形监测技术

变形监测技术主要是通过使用全站仪设备来进行测量的一种测量方法，全站仪的工作原理主要是将检测目标的范围压缩在一定的空间内，根据立体式监测方法保证测量数据的选确，这也保证了使用变形监测技术测量数据的准确性，并且这项技术在使用过程中费用不高，性价比较高，对于一些经济实力较为落后的边远地区，采用变形监测技术较多。另外变形监测技术要求在测量的整个过程中都要实现全自动的运作，这样保证了工作人员在工作过程中的安全，也避免了一些人为的测量误差，最终可以有效地监测出测量数据，保证了测量环节的工作进度，但是变形监测技术也有其不能避免的缺点，准确来说就是测量周期较长。

### （四）数字化测量技术

数字测量技术是通过把电子仪表、企业资源计划（ERP）系统和全站仪组合到一起使用，然后针对目标区域进行数据信息收集，换句话说，数字测量技术不仅是通过数字进行反馈和分析处理，它主要是通过使用多种数据处理系统与仪器共同进行数据分析的一种测量技术，对于目前我国工程测量技术来说，数字测量技术是其中比较新型、比较先进的测量技术。在一些工程中，由于一些环境的影响，如一些比例尺较大的工程图纸中，在录入输入方面就存在一定的困难，但是若使用数字测量技术，就可以在很大程度上解决这一问题，突破了传统的工程测量技术的局限。而且工程测量的工作人员可以根据工程中实际的情况使用一些方法，在保证工程质量的条件下，加快数字处理的速度Q简而言之，数据测量技术的使用依托于水利工程建设时收集的数据信息，所以在使用数字化测量技术之前就应建立一个内含庞大数据信息的数据库，这对于科技信息日新月异的大数据时代，早已不再是一个问题，在庞大的数据信息的支持下，保证了数字化测量技术的准确性。

## 三、提升施工质量控制的对策

### （一）科学管理测量技术的过程

每一项水利工程项目的实施都是不可复制的，因为水利工程的建设是需要考虑地理环境、气候、温度等多方面因素的影响，根据这些因素制订合适的施工方案。所以不同的水利工程在进行工程测量的时候就需要合理地应用适宜的测量技术，在测量工作开始之前要通过一些方法对各种影响因素进行有针对性的分析，然后根据这些分析结论选择更为合适的测量技术手段。与此同时，在现代社会不断发展的同时也要注重测量技术的未来发展，若将数字化、信息化的新型技术应用到测量技术中去，一定会提升测量技术测量数据的输出效率和可信赖性，这样才能做好水利工程的各个环节的设计和施工方案，为水利工程的质量打下良好的基础。

### （二）强化测量施工人员管理，提升测量施工质量

（1）对于有些测量技术来说，可能有些技术对工作人员的专业能力要求不高，但

是有些技术对于工作人员的专业程度要求很高，因此负责水利工程测量的工作人员必须掌握基础的测量方法和相应的测量设备的正确熟练地使用，只有对测量技术和方法详细掌握，才能对临时突发的各种状况采取有效的处理办法。

（2）测量的工作人员必须能看懂图纸，并对正在施工的设计图纸要十分熟悉：因为只有熟悉水利工程的设计图纸，才能明确该项水利工程的设计思路、设计结构和其未来的作用，才会根据设计图纸选择更为合适的测量技术和测量设备。

### （三）强化测量仪器的管理，保障施工效果

在水利工程实际测量环节，测量技术人员必须按照规范正确操作各种设备，并且对于这些设备要定期地进行维修保养，因为工作人员操作不当或是仪器精度不够灵敏，就会导致获得的测量数据存在较大的偏差，这种偏差哪怕只是小小的偏差对于整个工程质量的影响都是巨大的。所以，测量技术人员必须做到：

（1）在设备安装过程中要选择较为平坦、土壤质地较硬的区域安装测量工具，并做好固定工作，避免在以后的工作之中因为人为的因素造成水利工程质量的大幅度提高；

（2）在使用工具进行测量工作时一定要注意保证设备的安全，在移动过程中一定要轻拿轻放，避免设备的损坏；

（3）设备在使用后一定要注意保养，在一定时间内查找设备可能存在的问题，及时解决。

简而言之，水利工程中的测量技术在整个水利工程施工过程中的重要性是不言而喻的。若要水利工程的质量得到保证，水利工程也能稳步地推进，就要求水利工程测量技术要不断地进行提高和优化，并且要在水利工程施工过程中建立明确的管理制度，明确各个主体在施工中的权利和责任，监测整个工程中每一个环节的数据，掌握整个工程中每一个环节的质量，最终保障人民的生命财产安全，使水利工程的效益得到最大化。

## 第三节　水利工程勘察选址

随着国民经济的快速发展，各方面的需求也在迅速增长，水利工程是我国的重点工程，与区域经济有着非常密切的关联。近年来，我国水利工程勘察选址技术日渐成熟，在保证勘察技术先进性的同时，勘察人员综合素质也得到普遍提高。但是，从当前水利工程勘察选址工作情况来看，仍然存在不少问题需要解决，其中，最重要的是对水

利工程选址分析不深入、不具体，甚至存在错误选址问题，严重阻碍了水利工程顺利建设，因此，需要了解水利工程勘察选址工作的重要性，以便更好地提高水利工程质量，让水利工程建设发挥出应有的作用。

## 一、水利工程勘察选址工作概述

### （一）意义

水利工程勘察选址工作通过先进的勘察手段获取施工区域水文、地质等方面的信息，为后续工程建设提供基础。主要勘察手段包括采样勘探、坑地勘探、钻井勘探、遥感监测等方式，需要结合现场实际情况来确定勘察方式。通过分层开展水利工程勘察选址工作，对施工区域水文、地质信息进行深入了解，分层次开展勘察工作。在勘察选址设计阶段准确了解施工区域的水域、环境等内容，掌握这部分区域的灾害状况、地质信息，然后，对施工区域地质结构、环境因素、灾害预估等问题进行分析、探究，确保水利工程设计能够有效落实，在此基础上进一步完善水利工程初始设计，结合施工区域实际情况，合理控制施工技术、工艺、装备，促进水利工程选址勘察质量的提升。

### （二）作用

水利工程勘察选址不同于其他建筑，工作更为复杂。在水利工程建设过程中，部分建筑要建于地下，并长期承受地下水流和周边外力的冲击，在建筑使用过程中会对周边水文、地质条件产生影响，甚至会导致不稳定因素的出现，严重影响水利工程的整体稳定性。因此，要重视水利工程勘察选址工作，必须实地对施工区域进行全面勘察，对可能存在的各类灾害性因素进行评估，提出必要的方法措施，确保水利工程建设顺利开展。

## 二、水利工程勘察选址中需关注的问题

### （一）环境方面

水利工程勘察选址工作过程中需要关注工程对于周边环境带来的影响，在勘察选址过程中需要采取有效手段预测、分析工程建设可能出现的弊端，而且由于不同区域的水文、地质环境存在较大差异，还具有显著的区域特性，因此，在不同施工条件、不同工程项目、不同建设区域的水利工程勘察选址所面对的环境因素都是各不相同的，而且在水利工程建设完成后会改变周边区域气候，造成该部分区域的水流、气候、生态环境等要素发生变化，所以，在水利工程勘察选址过程中需要关注环境方面的问题。

### （二）水文方面

水利工程建设会影响施工区域水文状况，一般情况下，水利工程会在汛期储存大量水资源，在非汛期还会对水资源进行调配，容易造成周边地下水位的下降，进而影响周边河流及生态环境，河流水流量的降低会造成河流自净能力的减弱，严重时会造成水质恶化显著。

### （三）质量方面

水利工程勘察选址厂，这个过程中需要选择适宜的计算方法、理论进行数据计算，力争减小与实际情况之间的差距，针对各理论公式要灵活运用，采用理论与实际相结合的方式进行处理。在形成水利工程勘察选址报告时，要确保内容丰富，将选址地点的各类优势、弊端进行详细分析，现场实际考察要确保全面，各项内容的论证要保证清晰、完善；在选址报告中还要对施工区域的整体进行可行性分析，力争一次性通过审查，避免延误工期的情况出现。

### （四）技术方面

不同地区的水文、地质、气候、环境等条件都是不同的，会给水利工程的勘察选址工作造成一定困难，受当地条件影响，各类技术活动无法有效展开，因此，需要在水利工程勘察选址工作开展前制订详细计划，以科学技术作为指导，结合工程现场实际情况，分析选择区域的人口、地质、水文、环境等要素，因地制宜，努力保障水利工程勘察选址报告的科学性、合理性、有效性。

## 三、水利工程勘察选址工作的主要内容

自然条件下能够为水利工程提供完美地址的较少，特别是对地质条件要求高的工程项目，更无法彻底满足水利工程建设要求。水利工程建设的最优方案本质上是一个比选方案，在水文、地质等条件上依然会存在一些缺陷，这就要求在进行水利工程建设选址时，要综合多种因素，选择能够改善不良条件的处理方案，对于地质条件差、处理难度高、投资高昂的方案要首先否决。在此基础上从区域稳定性、地形地貌、地质构造、岩土性质、水文地质条件、物理地质作用、工程材料等几方面来开展水利工程的勘察选址工作。

### （一）区域稳定性

水利工程建设区域的稳定性意义重大，在需要建设的区域，要重点关注地壳和场地的稳定性，特别是在地震影响较为显著的区域，需要慎重选择坝址、坝型。在勘察

过程中，要通过地震部门了解施工区域的地震烈度，做好地震危险性分析及地震安全性评价，确保水利工程建设区域稳定性能够满足工程建设的最终要求。

### （二）地形地貌

建设区域的地形地貌会对水利工程坝型的选择产生直接影响，还会对施工现场布置及施工条件产生制约。一般情况下，基岩完整且狭窄的“V”型河谷可以修建拱坝；河谷宽敞地区岩石风化较深或有较厚的松散沉积层，可以修建土坝；基岩宽高比超过2的“U”形河谷可以修建砌石坝或混凝土重力坝。建设区域中的不同地貌单元、不同岩性也会存在差异，如：河谷开阔区域存在阶地发育情况，其中的二元结构和多元结构经常会出现渗漏或渗透变形的问题。因此，在进行工程方案比选时要充分了解建设区域的地形地貌条件。

### （三）地质构造

水利工程建设期间地质构造对于工程选址的重要性是不言而喻的，若采用对变形较为敏感的刚性坝方案，地质构造问题更为重要，地质构造对于水坝坝基、坝肩稳定性控制有非常直接的作用。在层状岩体分布的区域，倾向上下游的岩层会存在层间错动带，在后期次生作用下会逐步演变成泥化夹层，在此过程中若其他构造结构面对其产生切割作用会严重影响坝基的稳定性，因此，在选址过程中必须充分考虑地质构造问题，尽可能选择岩体完整性较好的部位，避开断裂、裂隙强烈发育的地段。

### （四）岩土性质

水利工程建筑选址过程中需要先考虑岩土性质，若修建高大水坝，特别是混凝土类型的水坝，要选择新鲜均匀、透水性差、完整坚硬、抗水性强的岩石来作为水坝建设区域。我国多数高大水坝是建设在高强度的岩浆岩地基上，其他的则多是建设在石英岩、砂岩、片麻岩的基础上，在可溶性碳酸盐岩、低强度形易变的页岩和千枚岩上建设的非常稀少。在进行水利工程建设过程中需要结合工程实际情况，对不同类型、不同性质的岩土进行有效区分，确保水利工程后续施工顺利开展。另外，在进行坝址选择时，对于高混凝土坝来说，坝体必须建设在基岩上，若河床覆盖层厚度过大，会增加坝基开挖工程量，会出现施工现场条件较为复杂的情况。因此，在其他条件基本相同的情况下，要将坝址选在河床松散覆盖层较薄的区域，若不得不在覆盖层较厚的区域施工，可以选择土石坝类型进行建设。

对于松散土体坝基情况，要注意关注渗漏、渗透、变形、振动、液化等多种问题，采取有效措施避免软弱、易形变的土层。

### （五）水文地质条件

在岩溶地区或河床深厚覆盖层区域进行选址时，要考虑建设区域的水文地质条件。从工程防渗角度考虑，岩溶区域的坝址要尽量选择在有隔水层的横谷且陡倾岩层倾向上游的河段进行建设。在建设规划过程中还要考虑水库是否存在严重的渗漏隐患，水利工程的库区最好位于两岸地下分水岭较高且强透水层底部，有隔水岩层的纵谷处。若岩溶区域的隔水层无法利用，要仔细分析地质构造、岩层结构、地貌条件，尽量将水利工程选在弱岩溶化区域。

### （六）物理地质作用

影响水利工程选址的物理地质作用较多，如：岩溶、滑坡、岩石风化、崩塌、泥石流等情况，根据之前水利工程建设经验，滑坡对选址的影响最大。在水利工程建设期间，选址在狭窄河谷地段能够有效减少工程量，降低工程成本，但狭窄河谷地段岸坡稳定性一般较差，需要在深入勘察的基础上慎重研究该种实施方案的可行性。

### （七）工程材料

工程材料也是影响水利工程选址的一个重要因素。工程材料的种类、数量、质量、开采条件及运输条件对工程的质量、投资影响很大，在选择坝址时应进行勘察。水库体施工常常需要当地材料，坝址附近是否有质量合乎要求，储量满足建坝需要的建材，都是水利工程选址时应考虑的内容。

水利工程勘察选址工作意义重大，随着科学技术的不断进步，先进设备的不断增加，为水利工程勘察选址奠定了良好基础，水利工程建设人员能够在勘察选址工作中获取更为准确的参考资料。同时，人们要认识到水利工程勘察选址工作复杂、难度大，在实际工作过程中，要全面分析工程建设的利弊，利用好各种现代勘测设备，确保水利工程勘察选址工作的科学化、合理化、现代化，为水利工程建设质量的提升提供良好保障。

## 第四节　水利工程质量监督

我国历来是一个重视水利治理的国家，五千年的农业文明也为水利的兴建提供了丰富的经验，大到黄河、长江的治理，小到沟渠、河流的整治，都汇聚了无数劳动人民的智慧。近年来经济的突飞猛进为水利建设的巨大投入提供了有力的保障，水利工程的建设也进入前所未有的新阶段，而水利工程质量的监督，也更加复杂和重要。

## 一、水利工程质量监督的特征

### （一）复杂性

水利工程建设往往涉及的范围比较广，小到一个村庄、大到一个国家，甚至多个国家联合。例如长江三峡工程，作为一项划世纪的工程，倾全国之力进行，横跨数省造福上亿人口，库区迁移百姓上百万。这样的大工程往往建设周期很长、需要数年的时间，建设范围较大、各种复杂的水文、地势地貌都会出现，施工条件艰苦、施工难度大，这样的工程监督起来更加困难，而由于工程浩大、工期很长，需要很多部门间的配合和协作才能完成监管，不让工程质量存在一点问题，这就更增加了工程的复杂性。

### （二）艰巨性

水利工程是一种关乎百姓生计、关乎国计民生的大问题，其安全与否不仅影响到水利工程的运行效率、经济效益、防洪防涝抗旱的社会效应，一旦出现安全问题还会对人民的生命财产安全造成严重损害。水利工程的复杂性决定着其在监管方面的艰巨性，一个小的质量漏洞而监管没有到位就有可能造成一次大坝的泄漏甚至决堤，就会造成成百上千甚至几万人的生命财产安全受到威胁。同时，水利工程的严格质量要求对施工材料的质量把控也有着严格的要求，这使得水利工程的监管要拉长战线，对施工设计到的每个环节都有把控，对监管提出更艰巨的要求。

### （三）专业性

水利工程的复杂性和艰巨性注定了进行水利工程的监管需要很强的专业性。就水利工程来说，不光有水力发电站、水库等中等规模，也有航运、调节地区用水等大规模工程，还有净水站、灌溉渠等小规模工程。工程的类型不一样，对质量的要求就不一样，对监管人员的专业要求更是不一样，这就要求监管人员具备较强的水利专业知识，能够监督好、评价好工程的实际质量，在施工方案、施工条件、施工材料等多个方面为施工提供保障，保证工程安全、高效地有序进行。

## 二、提高水利工程质量监督的措施

### （一）完善法律法规

完善的法律体系是提高水利工程质量监管的有力武器。历史的经验带给我们的惨痛经验之一就是法律的漏洞越多，钻空子的人就越多。水利工程建设是利国利民的大工程，也是很多人眼中的“肥工程”，把承接这种大工程当作自己发财的“捷径”，历朝历代因水利工程偷工减料等质量问题被问责的案例数不胜数，而更多的人却没有受到追究，究其原因在于水利工程具有长期性的特点，例如其设计标准是200年一遇，而其实际执行的是百年一遇，只要洪水不来，很多时候这个工程是不容易暴露的，而哪怕暴露了，当时的人员也因退休、死亡等原因而不去追责。这就需要我们继续完善法律法规，在监管层面让法律更细致一些，既有利于当时的监管执法，也能持续追责，有法可依、违法必究、不论早晚，让违法者付出代价。

### （二）加大监管力度

有效的监督是减少水利工程质量问题的重要手段。正如我们目前正在全国上下营造出的打虎拍蝇氛围一样，对于水利工程的质量监管也要形成这种威慑力量，要有决心、有恒心来下大力气加大监管的力度，这直接影响到水利工程的质量安全。一方面，要形成舆论氛围，从意识上认识到水利工程监督的重要性和放松监管的严重后果，让责任人真正负起责任，不敢马虎、不能大意；另一方面，监管部门要加强监管的实际行为，积极参与到水利工程的施工过程中，严把质量关，以身作则，在各个环节进行风险控制和验收，及早发现问题、勇于揭露问题，将违规、违法的损失减小到最少。同时，监管、验收过程中不可避免地会出现“得罪人”的事情，这要求监管人员有高度的责任心，不敢对违法漠视、不敢不作为，充当老好人。

### （三）形成网格监管

监管从来都不是单一的，水利工程的质量监督更不应该是一次验收、一种监管。就监管渠道来说，要实行第三方检测，通过与施工方毫无关联的一个公信力度比较高的第三方检测机构的检测，对施工才能做出更公正的结果。同时对这一第三方机构进行定时、不定时的抽查，看其曾检测过的工程是否有问题，一旦查实问题要有严格的清退、惩罚机制，让第三方机构不敢寻租。就责任划分来说，要建立“工程责任人—监管人—参与单位责任人—设计单位责任人”的相互监督的局面，拓展监管举报渠道，提高办事效率。只有形成这种网格式的监管格局，才能更有效地对水利工程的质量进行监管。

## 第五节　水利工程节能设计

近年来，水利工程在我国得到了很大的发展，水利工程是综合性较强的项目，虽然给人们生活带来了方便，但是对自然环境的损害也不容忽视。因此，综合考虑生态因素，在水利工程建设中重视水利工程的节能应用是非常有必要的。随着我国社会经济的快速发展，水资源紧缺问题变得越来越明显，水利工程的节能设计受到了高度重视，依靠先进的科学技术降低水资源的能耗是非常关键的。本节结合实际情况，对水利工程节能设计要点进行了具体的分析探讨。引入生态节能的水利工程概念，兼顾各个方面的影响因素，制定了相应的节能控制措施。使水利工程节能设计更加合理化，保持水利工程建设与生态环境的平衡，促进水利工程作用的充分发挥。

水利节能需要贯穿到工程前期设计的各个环节，因此，在工程设计中，要充分地考虑到工程设计的理念，做好可行性研究及初步设计概算等。在节能设计还需要结合当前的相关规定，对工程能耗进行分析，结合工程的实际情况进行合理的选址。真正体现出水利工程建设节能的宗旨，实现人、水资源的和谐共处共同发展。

## 一、优化水利工程选址设计

设计修建水库方案时，选址是至关重要的环节，要充分地考虑库址、坝址及建成后是否需要移民等各种因素。因此，在不考虑地质因素的情况下，不要忽视以下 3 点：在水利工程区域内一定要有可供储水的盆地或洼地，用来储水。这种地形的等高线呈口袋型，水容量比较大。选择在峡谷较窄处兴建大坝，不但能够确保大坝的安全，还能够有效减少工程量，节省建设投资。水库应建在地势较高的位置，减少闸门的应用，提升排水系统修建的效率。此外，生态水利工程在建址时，不要忽视对生态系统的影响，尽量减少建设以后运行时对生态系统造成的不利影响。

## 二、水利工程功能的节能运用

### （一）利用泵闸结合进行合理布置，提高水利工程的自排能力

在水利工程修建设计中在泵站的周边修建水闸来使其排水，即泵闸结合的布置，在水位差较大的情况下进行强排，不但能够节约能源，还能缩短强排时间。另外，选择合理的水闸孔宽和河道断面，提高水利工程的自排能力，利用闸前后的水位差，使用启闭闸门，达到排涝和调水的要求。

### （二）使用绿化景观来增强河道的蓄洪能力，合理规划区域排水模式

为了减少占地面积，在水利工程防汛墙的设计中，可以采用直立式结构形式。在两侧布置一定宽度的绿化带，使现代河道的修建不但能够提高河道的蓄洪能力，还能满足对生态景观的要求。在设计区域排水系统时，可将整个区域分成若干区域，采取有效的措施，将每个区域排出的水集中到一级泵站，再排到二级排水河道里，最后将水排到区域外，达到节能的效果。

### （三）实行就地补偿技术，合理地进行调度

受地理环境的因素，一般选择低扬程、大流量的水泵，电动机功率比较低，要将功率因素提高可以采用无功功率的补偿。因此，在泵站设计时可以采用就地补偿技术，将多个电动机并联补偿电容柜。满足科学调度的需求，实现优化运行结构的需求。

## 三、加强水利工程的节能设计的有效措施

### （一）建筑物设计节能

我国建筑物节能标准体系正在逐渐完善，在水电站厂房、泵站厂房等应用建筑物设计节能技术。在工程建设中可以采用高效保温材料复合的外墙，结合实际情况，采用各类新型屋面节能技术，有效控制窗墙面积比。研究采用集中供热技术、太阳能技术的合理性和可行性，减少能源消耗。水电站厂房可以利用自然通风技术，减少采通风方面的能源消耗。

### （二）用电设备的节能设计

选择合适的用电设备达到节能的具体要求，在水泵的选择上，应正确比较水泵参数，全面考虑叶片安放角、门径和比转速等因素。在水利工程用电设备的节能设计时，可以采用齿轮变速箱连接电动机和水泵的直连方式，既提高效率又节约成本。按照具体专项规划的要求，主要耗能设备能源效率一定要达到先进水平。

### （三）水利泵站变压器的节能设计

在设计的水利泵闸工程中，应该设置专用的降压变压器给电动机供电，来节省工程投资成本，为以后的运行管理提供方便，选择适合的电动机，避免出现泵闸电动机用电量较大的情况。选择站用变压器，避免大电机运行时带来的冲击。

当前人们越来越重视对环境的保护，生态理念逐渐融入各行各业中去。在水利工程建设中节能设计是一个全新的论题，随着节能技术的快速发展，受到了越来越广泛的重视。这就需要在节能设计中，结合水利工程的实际情况与特征，严格按照国家技术规范和标准，坚持完成水利工程的设计评估，有针对性地确定工程的节能措施。加大水利工程环节的节能控制，合理分析工程的节能效果，以水利工程设计更加科学化为前提，完善水利工程设计内容。

# 第六节　水利工程绩效审计

近年来，我国水利工程项目的投资一直在持续增加，水利工程的质量和效益也得到了社会的广泛关注。绩效审计作为一种保证工程项目质量，规范项目资金运用的管理工具，对于水利工程来说有着十分重要的意义。当前，我国在水利工程项目中，绩效审计工作已经逐渐深入，对于项目的经济学、效率性以及效益型的评价也发挥了一定作用，然而，其重要存在着一些不足。

## 一、水利工程绩效审核的内涵

### 1. 水利工程项目的特点

水利工程对于国家和地区来说，有着至关重要的意义，是国家经济和社会的重要战略资源，对于社会经济体系有巨大的影响，不仅关系着防洪、供水、电力、粮食，还关系着经济、生态甚至国家安全。水利工程包括防洪工程。农田水利工程、水力发电工程以及航运工程等多种类型。通常来说，水利项目都有以下特点：

### 2. 以政府投资为主

水利工程项目通常资金投入量极大，政府以国家预算内、外资金，财政担保信贷以及国债转贷资金等方式实施投资。

### 3. 具有很强的系统性

水利工程项目通常其规划和建设不会孤立考虑，而是与同一流域、同一地区其他水利项目一起通盘考虑，构成一个庞大的系统工程；同时，就项目本身来看，也是一个复杂的系统化工厂，因此，在项目管理与绩效审计中，都必须从全局考虑，展开综合分析。

### 4. 具有较强的公益性

水利项目基本都与民生有很大关系，对当地社会和经济有重要作用，同时对当地的生态环境必然也会起到积极或消极的作用，因此，必须以公众利益作为考虑的基础。

### 5. 水利工程绩效审计

水利工程的绩效审计，是在《审计法》《国家建设项目审计准则》等法律法规指导下，对水利工程的建设活动的全过程实施监督和审查，涵盖项目从设计、材料、施工、监理、质量检查等所有环节和部门，以项目投资为主线，重点审查项目投资立项的合法性、资金来源的合法性、资金使用的合理性，以及项目投入使用后的效益型。当前，我国一些重要水利项目，都已经逐渐推广实施了绩效审核工作。比如，2013 年，中央审计署对三峡工程的财务决算审计结果予以公布，在审计过程中，投入量 1400 名审计人力完成对这个庞大项目的绩效审计工作。

## 二、当前水利工程绩效审计存在的不足

### （一）重财务、轻绩效

尽管在水利项目中，绩效审计工作已经逐渐深入。然而，就审计的主要内容来看，依然集中在财务审计的领域，以及项目自身的合法性和合规性；对于项目本身的决策、评估、效益以及对社会、环境的影响等内容关注不够，所以，这样的审计活动，尽管以绩效审计为名，但真正涉及绩效评估的内容并不多；而且，在仅有的部分绩效评估中，也由于定量评价不足，导致评价无法具有公正客观性。比如社会效益、环境效益等，这些项目评估缺乏有效的评估方法，导致绩效评估仅限于形式，而不具备评估实质。

### （二）重工程决算，轻过程审计

我国水利工程的审计过程中，往往对资金的管理重视程度极高，对工程预算的执行是否合法合规给予了高度关注，对竣工审计给予了很高的重视程度，通常在项目完成以后就会迅速介入。然而，事后审计具有很大的缺陷，一方面工程中的众多变更工程、隐蔽工程很多且无法十分详细地掌握，导致审核中容易产生各种漏洞；另一方面，事后审计即使将问题发现，但是损失已经无可避免。因此，与决算审计相比，更应当从项目启动，审计工作就开始介入，对项目的全过程展开跟踪审计。从而能够将审计工作从被动转向主动，更重要的是，能够真正预防损失的发生。

### （三）重财务审计人才，轻复合型审计人才

水利工程绩效审核工作，涉及建设过程中的所有环节和众多单位，审计行为具有极强的专业性，并且审计事物繁杂，在这个过程中，不仅对审计人员的财务知识有较高要求，还需要审计人员具备工程管理、建筑、电气、法律等相关的专业知识。然而，受传统财务审计的影响，当前我国很多审计人员都是财务背景，在其他领域专业知识有限，无法应对复杂的审计工作，更无法深入审计对象运作过程。此外，在审计项目招投标、签订合同以及施工决策的诸多环节，还需要审计人员具有很强的分析决策能

力和沟通协调能力。因此，在绩效审计人员配置的过程中，必须对审计人员的知识结构、综合素质有更为严格的要求。

## 三、水利工程绩效审计的建议

### （一）持续深入水利工程绩效审核研究

当前，发达国家已经拥有了相对成熟的绩效审计理论，并以此为基础，制定了完善的绩效审核制度，再经过实践的检验得以不断完善。我国在这方面的理论研究起步较晚，研究理论也相对滞后，研究成果还不足以有效应用于实践，帮助解决实际遇到的问题，这也导致在现实中的水利工程绩效审计工作开展的深度、广度远远不足。所以，必须持续深入水利工程绩效审核研究，重点要集中在以下几个方面：一是审计框架，如何有效将财务审计、绩效审计与项目审计融合成有机整体；二是审计如何与工程实务相结合，不仅要重视对投资的审计，更要重视对项目管理的审计；三是如何推动审计工作深化，使审计的内容真正能够反映项目自身的真实性、合法性、效益性和建设性。在研究过程中，可以积极借鉴发达国家的相关理论，再与我国实际状况相结合。

### （二）建立科学全面的水利工程绩效审核指标体系

当前，我国的水利工程绩效审核工作在绩效审核方面之所以形式化严重，与缺乏有效的绩效评价体系指导有密切关系。科学的指标体系，不仅有助于审计工作的开展，也有利于审计结果更加客观公正。早在 1994 年，美国营建研究院就提出了整套全面的建设项目绩效评估体系，从而为建设项目的绩效审计活动提供指向。我国迄今为止尚没有形成这样的指标体系、水利工程绩效审核指标体系，有助于审计人员本着客观公正的态度，充分考虑项目内容、地区差异等客观因素，从而给予公平的审计。

水利工程绩效审核指标体系，从工程建设过程来看，应当涵盖建设全过程；从审计目标来看，应当至少包括项目的经济学、效率性、环境性、公平性以及效益性。同时，在基本框架下可确定相关实施细则，以使指标系统既能够保持统一性，又能够被灵活使用。

### （三）强化审计机构的审计能力

水利工程绩效审核作为一项具有较高复杂度，涉及诸多专业知识的综合性工作，对审计机构的审计能力也有十分严格的要求。因此，设计机构的能力必须有计划、有目的地不断提升。首先，要推动社会化人才的进入，社会化人才带着各个专业的实际从业经验，进入审计机构，帮助人才队伍完善知识结构，打造财务审计与工程技术兼备的人才队伍。其次，要建立有效的人才培养制度，不断推动现有审计人员的知识结构、专业能力和综合能力的提升。另外，还建立有效的专家晋升通道，打造职业资格认证体系，以提供强大的人才保障。最后，要建立庞大的外部审计资源，包括行业专家、咨询机构等，在特殊情况下，可借助外部资源使审计工作得以更好地完成。

综上所述，当前我国水利工程绩效审计工作依然有较大的提升空间，在推动水利工程绩效审计的过程中，必须在加大研究力度的基础上，建立完善的绩效审计指标体系，同时强化审计队伍能力的提升，才能更好地完成水利工程的绩效审计工作。

# 第三章　水利工程建设研究

## 第一节　基层水利工程建设探析

水是人类生产和生活必不可少的宝贵资源，但其自然存在的状态并不完全符合人类的需要。只有修建水利工程，才能满足人民生活生产对水资源的需求。水利工程是抗御水旱灾害、保障资源供给、改善水环境和水利经济实现的物质基础。随着经济社会持续快速发展，水环境发生深刻变化，基层水利工程对社会的影响更加凸显。近年来水利工程建设与管护工作呈现一些问题，使得水利工程的正常运行和维护受到不同程度的影响。本书提出一些具体解决对策，希望可以促进各地基层水利工程建设不断规范有序发展。

### 一、水利工程建设意义

水利工程不仅要满足日益增长的人民生活和工农业生产发展需要，更要为保护和改善环境服务。基层水利工程由于其层次的特殊性，对当地发展具有更重要的现实意义。

#### （一）保障水资源可持续发展

水具有不可替代性、有限性、可循环使用性以及易污染性，如果利用得当，可以极大地促进人类的生存与发展，保障人类的生命及财产安全。为了保障经济社会可持续发展，必须做好水资源的合理开发和利用。水资源的可持续发展能最大限度保护生态环境，是维持人口、资源、环境相协调的基本要素，是社会可持续发展的重要组成部分。

#### （二）维持社会稳定发展

我国历来重视水利工程的发展，水利工程的建设情况关乎我国的经济结构能否顺利调整以及国民经济能否顺利发展。加强水利工程建设，是确保农业增收、顺利推进工业化和城镇化、使国民经济持续有力增长的基础和前提，对当地社会的长治久安大有裨益，水利工程建设情况在一定程度上是当地社会发展状况的晴雨表。

### （三）提高农业经济效益和社会生态效益

水利工程建设一定程度上解决了生活和生产用水难的问题，也提高了农业效益和经济效益，为农业发展和农民增收做出了突出的贡献。在水利工程建设项目的实施过程中，各级政府和水利部门越来越注重水利工程本身以及周边的环境状况，并将水利工程建设作为农业发展的重中之重，极大地提升了当地的生态效益和社会效益。

## 二、水利工程建设问题

### （一）工程建设大环境欠佳

虽然水利工程对当地农业发展至关重要，相关部门也都支持水利事业的发展，但是水利工程建设整体所处大环境欠佳，起步仍然比较晚，缺乏相关建设经验，致使水利工程建设发展较为缓慢，尽管近几年水利工程建设发展在提速，但整体仍比较缓慢。

### （二）工程建设监督机制不健全

水利工程建设存在一定的盲目性、随意性，致使不能兼顾工程技术和社会经济效益等诸多方面，工程重复建设及工程纠纷多，造成了水利工程建设中出现规划无序、施工无质以及很多工程隐患等问题。工程建设监督治理机制不健全导致建设进度缓慢、施工过程不规范、监理不到位，最终表现在施工中存在着明显的质量问题，严重影响了水利工程有效功能的发挥，没有起到水利工程应该发挥的各项效用。

### （三）工程建设资金投入渠道单一

水利工程建设管理单位在防洪、排涝、建设等工作中，耗费了大量的人力、物力、财力，而这些支出的补偿单靠水费收入远远不够。尽管当前各地政府都加大了水利工程的建设投入，但对于日益增长的需求，水利工程仍然远远不足。我国是一个农业大国，且我国的农业发展劣势很明显，仍然需要国家大力扶持和政策保护以及积极开通其他融资渠道。

### （四）工程建设标准低损毁严重

工程建设质量与所处时代有很大关系，受限于当时的技术、资金条件，早期水利工程普遍存在设计标准低、施工质量差、工程不配套等问题，特别是工程运行多年后，水资源的利用率低、水资源损失浪费严重、水利工程老化失修、垮塌损毁严重，甚至存在重大的水利工程安全隐患。这些损毁问题的发生，与当初工程建设设计标准过低关系很大。

### （五）督导不及时责任不明确

抓进度、保工期是确保工程顺利推进的头等大事。上级领导不能切实履行自身职责，不能做到深入工程一线、掌握了解情况、督促检查工程进展。各相关部门不敢承担责任，碰到问题相互推诿、扯皮、回避矛盾，不能积极主动地研究问题和想方设法去解决问题。对重点工程，上级部门做不到定期督查、定期通报、跟踪问效，对各项工程进度、质量、安全等情况，同样做不到月检查、季通报、年考核。

### （六）工程建设管理体制不顺畅

处于基层的水利工程管理单位，思维观念严重落后，仍然沿用粗放的管理方式，使得水资源的综合运营经济收益率非常低。水利工程管理体制不顺、机制不活等问题造成大量水利工程得不到正常的维修养护，工程效益严重衰减，难以发挥工程本身的实际效用，对工程本身造成了浪费，甚至给国民经济和人民生命财产带来极大的安全隐患。

### （七）工程后期监管力量薄弱

随着社会经济的高速发展，水利工程建设突飞猛进，与此同时人为损毁工程现象也屡见不鲜。工程竣工后正常运行，对后期的监管多表现出来的是监管乏力，捉襟见肘。监管不力，主要原因是管护队伍建设落后，缺乏必要的监管人员、车辆、器械等，执法不及时、不到位也是监管不力的重要原因。

## 三、未来发展探析

做好基层水利工程建设与管理意义重大，必须强化保障措施，扎实做好各项工作，保障水利工程正常运行。

### （一）落实工作责任

按照河长制、湖长制工作要求，要全面落实行政首长负责制，明确部门分工，建立健全绩效考核和激励奖惩机制，确保各项保障措施落实到位。通过会议安排以及业务学习等方式，使基层领导干部深刻地认识到水利工程建设的重要性和必要性，不断提高对水利工程的认识，积极主动推进水利工程建设，为农田水利事业的发展打下坚实的基础。

### （二）加强推进先进理念

采取专项培训和“走出去、请进来”等方法，抓好水利工程建设管理从业者的业务培训，开阔眼界，提高业务水平。积极学习周边地区先进的水利工程建设办法、管护理念、运行制度。此外工作人员还要自觉提高自身的理论和实践素养，武装自己的头脑，提升自身的技能，为当地水利工程建设管理提供强有力的理论和技术支持。

### （三）加大资金投入及融资渠道

基层政府要提前编制水利工程建设财政预案，进一步加大公共财政投入，为水利工程建设提供强有力的物质保障。积极开通多种融资渠道，加强资金整合，继续完善财政贴息、金融支持等各项政策，鼓励各种社会资金投入水利建设。制定合理的工程建设维修养护费标准，多种形式对水利工程进行管护，确保水利工程持之有序地发挥水利效用。

### （四）统筹兼顾搞好项目建设规划

规划具有重要的现实指导和发展引领作用，规划水平的高低决定着建设质量的好坏。

因此，规划的编制要追求高水平、高标准，定位要准确，层次也要高。在水利工程规划编制过程中，既要与基层的总体规划有效衔接，统筹考虑，又要做出特色、打造出亮点。对短时间难以攻克的难题，要做长远规划，一步一步实施，一年一年推进，不能为了赶进度，就降低了规划的质量。

### （五）抓好工程质量监管，加快建设进度

质量是工程的生命，决定着工程效用的发挥程度。相关部门对每一项工程、每一个工段都要严格按照规范程序进行操作，需要建设招标和监理的要落实到位，从规划、设计到施工每一个环节都要按照既定质量标准和要求实施。加快各个项目建设进度，速度必须服从质量，否则建设的只能是形象工程、政绩工程、豆腐渣工程。各责任部门要及早制定检查验收办法，严格把关，应该整改和返工的要严格要求落实。

### （六）健全监管体制

对建成的水利工程要力求做到“建、管、用”三位一体，管护并举，建立健全起一套良性循环的运行管理体制。完善工程质量监督体系，自上而下、齐抓共管，保证工程规划合理、建设透明、质量过硬，确保每个环节都经得起考验。此外还要加大对水利工程破坏行为的打击力度，增加巡察频次，增添巡逻人员，制订巡查计划，确定巡查目标和任务，细化工作职责，防止各种人为破坏现象的发生。

### （七）加大宣传力度，组织群众参与

加大宣传力度，采取悬挂横幅、宣传标语以及利用宣传车进行流动宣传等方式，大力宣传基层水利工程建设的新进展、新成效和新经验，使广大群众了解水法规、节水用水途径、水工程建设及管护等内容。此外还可以尝试如利用网络、多媒体、微信等新平台做好宣传工作，广泛发动群众参与，积极营造全社会爱护水利工程的良好氛围。

### （八）借力河湖长制共推管护工作

当前河湖长制开展迅猛，各项专项行动推进及时，清废行动、清“四乱”等行动有效促进了河湖及各类水利工程管护工作的开展。水利工程在河湖长制管理范围，是河湖管护的重要组成部分，水利工程管护工作开展的好坏，也很大程度影响着河湖长制的开展，利用好河湖长制发展的东风，是推进水利工程管护工作的良好契机。

我国是水利大国，水利建设任重道远，水利工程的正常运行是关系国计民生的大事。我国人均水资源并不丰富，且时空分布不均，更凸显了水利工程建设的重要性。阐述水利工程的重大意义，分析基层水利工程建设管理中存在的问题，探索未来基层水利工程建设管理方法，旨在与各工程建设管理工作者探讨交流。

# 第二节　水利工程建设监理现状分析

近年来，工程监理制度在我国水利建设中得到了全面推行，其在水利工程中的应用也起到了非常重要的作用，尤其是在工程质量、安全、投资控制等方面，取得了特别显著的效果。但是由于我国推行监理建设机制的时间还不长，在许多方面都处于刚刚起步阶段，还存在着一些不足之处。

## 一、水利工程监理工作的特点

首先，它是公平和独立的。在水利工程建设阶段，当承包人与发包人之间存在利益冲突时，监理人员可以根据相关原则和操作规范，有效地调整不同利益相关者之间的关系其次，实现了工程管理与工程技术的有机结合。一名合格的水利工程监理人员需要具备扎实的专业知识基础，以及良好的协调管理经验。

## 二、水利工程监理现状

### （一）对于监理工作的认识不到位

目前，部分建设单位招投标后，大多是锚定施工，为了节约成本，按照招投标承诺，有效地设立了项目经理部，配备了相关人员，导致施工人员素质参差不齐，大部分施工质量不佳。本单位对监理工作不够重视，不配合监理部门的监理工作。它认为监理工作是一项可有可无的工作，甚至有些建设单位把监理当作建筑工人，把质量检验工作和风险转嫁给监理。理解上的错误导致行动上的轻视。施工部门很少认真执行“三检”制度。质量缺陷（事故）经常发生，进度滞后。建设单位经常将监督不力归咎于监督不力。特别是在小项目中，施工单位往往采用当地的做法来解决施工问题。忽视行业规范要求，监管成为不良后果的替罪羊。这些行为使监管部门不知所措。提高施工部门和施工单位对监理工作重要性的认识，对监理工作的顺利开展具有重要意义。

### （二）监理体系不健全，监理制度不完善

部分工程监理单位管理体制不健全，管理体制不健全，管理程序不规范，管理职责不明确。缺乏完美的会议系统，检测系统，检测系统和监督员工工作评价体系，工程施工控制缺乏系统监督保障机制、监督内容不详细，监管目标不具体，监督人员分工不明确，具体操作不方便，导致了工程质量、进度和投资不能严格、有效地控制，这给工程建设管理带来了许多问题和困难。

### （三）监理人员的素质参差不齐

众所周知，水利建设单位的监理人员必须通过考核并登记上岗。但是，从我国各单位监理人员的工作现状来看，很多持有监理证书的人员只是在企业登记中注册，并没有参与过监理工作。在中层，本单位实际从事监理工作的人员大多没有通过考核，只是经过短期培训后才上岗，或者大部分是转岗的。例如，让设计师作为主管从事设计工作。缺乏相关监理工作经验，不熟悉施工质量控制要点。缺乏一定的监管经验和相关协调经验。

### （四）市场经济体制不断变化

随着社会分工的不断细化，许多行业都将精细化管理纳入内部，监理单位对项目的全过程进行了有效的监督。在新的市场经济背景下，监理单位必须加强自身专业水平的建设工作，勇于开拓、敢于创新，将自身服务领域融入各个方面，逐步形成项目管理、专业咨询、工程监理等。作为一个综合性产业。

## 三、加强水利工程监理工作的相关策略

### （一）提升水利工程监理有效性的措施

①各级主管部门应当加强对本辖区内水利工程建设监理单位的监督管理。违反规定或者存在安全隐患的工程，应当责令停止，并大力整顿监理。并加大社会监督宣传力度，加深对监督的认识，以消除一些人对监督的误解。②建立监督部门“红名单”和“黑名单”制度。认真履行监督职责的部门进入“红色名单”，给予一定的物质奖励和精神奖励，提高监督积极性；对监事或在随机变更投标文件中确定的监事将存在严重的质量问题。监督单位和人员必须进入“黑名单”，并将不良行为记录在案。如果有必要，他们应该受到一定的惩罚，从根本上遏制监管部门的无耻行为。监管部门只攫取业务，不谈质量。③提高监理人员的专业素质。可以邀请专业人士讲解一些专业知识，提高监理人员的专业素质，同时结合监理过程中的一些实际案例，不断提高监理人员的工作技能。此外，将扩大高素质人才的招聘，提高监事的薪酬水平，使监事部门有一定的财力招聘一些高素质人才；加强对监理人员的监督管理，做到认真、公正、廉洁。依法治水，有利于水利工程建设。

### （二）加强施工阶段监理控制的措施

水利工程具有高度的复杂性、综合性和系统性，施工过程和内容较多。为此，有关部门和人员必须做好施工阶段的监理工作。具体可以从以下几个方面着手：一是水利工程企业要结合工程的具体特点，制定健全可行的监督管理制度，严格执行各方面制度，严格惩处人员违纪行为。其次，水利工程监理人员必须严格监督施工过程，确保每个施工人员都能按照施工标准进行施工。最后，监理人员应在施工现场设置监控点，并将计算机电子设备引入监控点，对施工现场进行动态监测，及时发现问题，及时消除潜在的质量隐患。

### （三）水利工程施工后期监理工作

水利建设后期的监理工作一般包括以下几个方面：第一，监理人员必须定期组织工程验收工作。在实践中，必须严格遵守国家有关规定和标准；第二，制订健全可行的维修管理计划，定期进行工程维修工作，确保项目寿命和成本的节约。第三，水利工程监理人员还应根据实际情况对施工方案进行细化，并在不同阶段纳入不同的质量标准。

水利建设的过程中，只有建立健全监督工作制度，监督工作的改进系统，工程监

理工作的标准化程序，项目的充分发挥监督功能，和“四控制、二管理、一协调”的工作可以使水利工程的监理工作进入科学的操作记录，程序，标准和标准化，从而促进水利工程的健康运行和可持续发展。

## 第三节　水利工程建设环境保护与控制

在当今社会发展进步的过程中，我国建设的各项水利工程发挥出了重要作用。尤其在水利运输与发电、农业灌溉与洪涝灾害等方面，更加体现出了我国水利工程建设的强大。为了加快我国社会主义现代化经济的提高，我们对水利工程的作用需求也进一步提高。但是在注重水利发展的同时，我们要更加注重保护生态环境，应充分考虑到生态环境与水利发展之间的利弊关系，权衡两者之间可持续发展的可能性，因此我们需要寻求一种良好的机制来完善环境保护的措施，真正为我国水利工程的发展提供可持续的强有力的保障。

我国作为综合经济实力在世界排名靠前的大国，确也存在水资源贫瘠的短处。而正是通过我国这些水利工程的建设，才将我国的水资源合理调配。与此同时，这些水利工程的建设使我们深深感受到了其所带来的有益之处，比如闻名于世的三峡大坝工程就给人们的交通运输、水力发电、农业灌溉以及防洪防涝带来了便利。充分合理地开发水利建设是符合我国的发展战略计划与基本国情的，但近年来的调查结果却显示，水利工程的建设会导致生态环境失去平衡，而且往往越大的工程给环境带来的影响越严重。

### 一、水利工程建设对生态环境造成影响

在建设水利水电工程中都会对生态环境造成一定程度的破坏，调查表明有以下主要方面的影响：

#### （一）对河流生态环境造成影响

大多数的水利工程需要建设在江流湖泊河道上，而在建设水利工程之前，江河湖泊等都有着其平衡的生态环境。在江流河道上建造水利工程往往会导致河流原来的生态环境受到影响，长此以往，会导致河流局部形态的变化以及可能会影响到上游和下游的地质变化、水文变化造成河道泥沙淤积等问题。更有甚者，会造成水温情况的上升，从而对河中生物产生不利影响，造成河中生物的死亡或大量水草的蔓延。

### （一）对陆生生态环境造成影响

建设水利工程之后不但会对水文地质产生影响，也会对陆生生态环境造成不同程度的影响。因为在建设水利工程的过程中，周围土壤的挖掘、运输，包括水流的阻断对下游产生的灌溉以及周围陆生动植物的给水供给都会产生影响。长时间的给水不到位，就会造成生态环境链的断裂，即便是后续施工结束，也很难恢复到以前的生态环境。在注重施工过程中保护水文环境以及陆生生态环境的同时，还要注重施工过程中生产生活污水的处理排放对生态环境的影响。往往在施工过程中会造成植被破坏、动物迁徙以及动物在迁徙途中因为食物或水的缺失而死亡。这些问题都应该是我们所更加关注的，人与生态环境应该互相并存，因此，我们在施工中应该尽可能地减小施工对陆生生态环境的影响。

### （三）对生活环境造成影响

一般情况下，在水利水电工程的建设过程中，施工场地都要大于建设用地，因此往往要占用一些土地来为工程建设施工提供便利。在水利工程中，一般会对部分的沿岸居民以及可能会受到工程施工影响的居民提出安置迁徙的要求，这也是水利工程施工对人类生活环境造成最直观的影响后果。其次就是对沿岸耕地的影响，会将沿岸耕地的土质变为土地盐碱化或者直接变成沼泽地。与此同时，也可能对当地的气候产生影响，而且如果出现安置调配不合理的情况，还可能造成二次破坏的后果。

## 二、水利工程建设环境保护与控制的举措

水利工程的建设使我们深深感受到了其所带来的有益之处，但是，如果不正确处理水利工程建设与生态环境之间的关系，合理保护生态环境，那么水利工程就不能发挥正面影响。因此，合理建设水利工程，保护生态环境，控制环境污染的负面影响，我们可以从以下几个方面入手：

### （一）建立环境友好型水利水电工程

环境友好型水利工程，即让水利工程与生态环境和平发展，让二者相互依存，相互影响，最终促进二者的良性发展。在这一环节，首先要立足于现状，建立水利工程建设流域的综合规划体系。据相关报道，现阶段我国水利水电建设正处于转型的重要阶段。因此，我们应该抓住机会，从实际情况出发，发挥水利工程建设的整体优势，促进环境和水利工程的统筹发展。其次，我们应该加强对江河领域周边环境的实地调研查看，调研内容主要包括：地形地势特点、水文环境信息以及周边所住居民情况。通过加强对江河流域的调研工作，建立江河领域生态保护系统，加大监督保护力度，

让水能资源真正做到取之不尽，用之不竭。

### （二）提高技术研究水平，突破现有的生态保护工作格局

据相关报道，在世界很多发达的欧美国家，其过鱼技术的应用十分广泛，并且配套设施的设置也具有相当高的科技水平。但在我国水利工程建设中，科学技术的利用率远不及发达的欧美国家。因此，我们可以总结欧美国家在这一领域的经验教训，引进过鱼技术和相关配套设备，加强高科技的投入力度，在永久性拦河闸坝的建设工作中，通过利用该技术和相关配套设备，增加分层取水口的数量，从而保护周围环境的良性发展。除此之外，我国的分层取水技术仍处于落后地位，因此我们可以学习该技术发展完善成熟的国家，引进建立研究中心的施工模式，提高我国的分层取水技术的质量水平，最终促进我国水利工程建设向着环境友好型迈进。

### （三）生态调度，补偿河流生态，缓解环境影响

我们在调整水利水电现在的运行方式的过程中也应该多向发达国家学习，通过他们的成功案件总结经验结合我国现实情况将工程的调度管理加入生态管理，同时应早日争取实现以修复河流自然流域为重点发展方向。在工程建设中应合理安排对生态环境的补偿，借鉴我国成功的水利工程建设经验，如：丹江口水利工程中，通过增加枯水期的下泄流量，进而解决了汉江下流的水体富营养化问题；太湖流域改变传统的闸坝模式，从而对太湖流域水质进行了改善，真正做到了对河流生态系统的补偿，缓解了水利工程建设对环境带来的负面影响。

### （四）建设相关规程和保护体系，多途径恢复和保护生态环境

水利工程建设给周边环境造成的负面影响大多是不可逆的，因此，我们应该针对问题出现的原因进行充分探究，并有针对性地进行综合治理。除此之外，我们还应该从实际出发，因地制宜。在这一环节，我们可以借鉴以往成功的水利工程建设案例，找到可以引荐的经验。例如：可以通过人工培育的方法，降低水利工程给水生生物带来的负面影响；采用气垫式调压井，对工程流域的植物覆盖率进行有效保护；利用胶凝砂砾石坝，减少对当地稀有资源的利用率；修建生物走廊，重建岸坡区域的植被覆盖；加强人工湿地的设置等等。总而言之，对水利工程周边的环境进行保护和控制是多方面的，要树立综合治理的理念，改变传统的环境保护体系，加强技术的投入力度，针对建设区域的实地情况，建立符合当地情况的环境保护规章制度和保护体系。

综上所述，在当今社会发展进步的过程中，我国建设的各项水利工程发挥出了重要作用。其中在水利运输与发电以及农业灌溉与洪涝灾害等方面充分体现出了我国水利工程建设的强大。因此，在注重水利发展的同时我们更加要注重保护生态环境，应

充分考虑到生态环境与水利发展利弊，权衡可持续发展的可能性，因此我们需要寻求一种良好的机制完善的措施，以此为我国水利工程的发展提供可持续的强有力的保障，一般来说，水利工程建设对周边环境造成的负面影响大多是不可逆的，因此，我们应该针对问题出现的原因进行充分探究，并有针对性地进行综合治理，改变传统的环境保护体系，加强技术的投入力度，针对建设区域的实地情况，真正为建立环境友好型的水利水电工程贡献力量。

## 第四节 推进“诚信水利”护航水利工程建设

水利部高度重视水利信用体系建设，经过多年的有序推进，水利行业信用体系建设成绩斐然——信用越来越成为水利工程建设市场的重要“通行证”。承担水利行业信用体系建设主要工作的中国水利工程协会被国家发展改革委员会列为推进行业信用建设的试点单位。

### 一、健全规章体系夯实制度基础

水利行业信用体系建设是在水利部的领导下与建章立制的基础上开展起来的。自2001年起，水利部相继制定了《关于进一步整顿和规范水利建筑市场秩序的若干意见》《水利建设市场主体信用信息管理暂行办法》《水利建设市场主体不良行为记录公告暂行办法》等。2014年，水利部、国家发改委联合印发《关于加快水利建设市场信用体系建设的实施意见》，并在中国水利工程协会多年开展信用评价工作的基础上，印发《水利建设市场主体信用评价管理暂行办法》及标准，确保了水利行业信用等级评价工作的规范、统一和公平、公正。

各种诚信规章制度的建立和完备以及信用评价工作，推动了水利行业信用体系建设，对于规范水利建设领域市场主体行为，建设良好守信的水利建设市场环境发挥了重要作用。

### 二、建设互联平台实现信息共享

建立统一的行业信用信息平台是行业信用建设的“基础之基础”。2010年，中国水利工程协会建成“全国水利建设市场信用信息平台”，成为水利行业信用建设对外展示与服务的重要窗口及信用信息采集、发布、查询和监督的主渠道。2014年，在水利部的推动下，《水利建设市场主体信用信息数据库表结构及标识符》行业标准制定完成，为促进信用信息的互联互通奠定了基础。目前，信息平台共收录和发布水利建设市场主体信用信息 100 余万条，从业单位 1 万余家，从业人员信息 73 万多条；公布工程业绩信息 19 万余项，良好行为记录信息 5 万余条；公布不良行为处理决定 227 个，涉及 420 家市场主体。平台已与辽宁、湖南、贵州等 9 省实现了互联互通和资源共享，已为湖北、江西、青海等 7 省开放了数据接口。

### 三、开展信用评价引导行业自律

开展信用等级评价工作，是规范水利建设市场主体行为，提高企业诚信意识，维护市场公平竞争，加强行业自律的重要抓手。2009 年，在水利部领导下，中国水利工程协会开始了全国水利建设市场主体信用评价工作。2015 年，水利行业开始建立由水利部统一组织、行业协会承担具体工作、各省级水行政主管部门广泛参与的“三位一体”信用评价模式，得到了市场主体的积极响应，也使行业信用评价工作步入更加科学、规范、有序、高效的轨道。目前，全国已有 4698 家水利建设市场主体取得了信用等级，特级、一级水利施工总承包单位参评率已达 83%；甲级水利工程监理单位参评率已达 80%；参评企业类型涵盖施工、监理、质量检测等 8 类市场主体，涉及全国 6 个流域、31 个省（市、区）。

褒优惩劣是信用建设的核心。全国水利建设市场信用信息平台开设了“诚信红名单”，对 631 家 AAA 级诚信单位进行滚动式宣传；发布“诚信黑名单”，曝光严重失信企业 9 家。广东、湖南、江西等二十几个省级水行政主管部门在市场准入、招标投标、资质监管、评优评奖中出台办法或指导意见，积极运用信用等级评价结果。

“诚信是金，失信是耻”，水利行业信用体系建设使越来越多的水利建设市场主体意识到信用的重要。2016 年以来，中国水利工程协会 9007 个单位会员和 360762 名个人会员中已有 6277 个单位会员和 76333 名个人会员主动签订了诚信公约和诚信准则。在水利部的领导下，水利行业信用体系建设正不断向广度和深度拓展。

## 第五节　水利工程建设中的水土保持设计

随着国家经济的快速发展，人们的生活质量不断地提高，给环境带来很大的破坏。特别是工业发展严重损害水资源，最终将导水资源枯竭，为可持续性利用资源，基于可持续发展，人类寻求最大的效益，其中，水土保持是当前水利工程建设中维护水资源较为可行的措施。

## 一、水利工程产生水土流失的特点

### （一）水利工程建设施工削弱现有的土壤强度

在水利工程的建立过程中，排弃、采挖等生产作业都需要用到现代化机械设备，这会大大削弱现有的土壤强度。在侵蚀速度不断加快的同时，运动形式也处于不断变化的状态，导致原有的水土流失发生规律发生了巨大变化。这样不仅会影响施工环境周边的水土强度，还会造成水土流失不均匀的现象。

### （二）水利工程建设施工所导致的水土流失是不可逆的

一般来说，自然形成的水土流失相对来说是可恢复的，但水利工程建设施工所导致的水土流失是不可逆的。目前，随着国内水利工程建设的发展与创新，政府和企业开始加强自身的水土保持意识，很多水利工程建设在施工之前都会进行实地勘察，在研究科学设计方案的基础上，减少水土流失的可能，使设计方案与施工环境最大限度地相互包容，大大减少了水土流失现象。

## 二、水利工程建设中水土保持工作的可持续发展作用

### （一）提升水资源的利用率

现阶段经济飞速发展，导致生态环境遭受巨大破坏，特别是水土流失导致水资源利用效率不断降低，多发洪涝灾害，使得水资源质量越来越低。为高效利用水资源，须搞好水土保持工作，逐步优化国内水土资源，促使水资源高效利用，创造更大的经济及社会价值。

### （二）积极影响国家的宏观经济发展

水土保持在维护自然生态环境上起到积极作用，推动了国民经济的宏观发展。水土流失引发的灾害，给国家经济造成了巨大的损失，强化水土保持，可有效规避以上灾害，促使经济不断发展，为此，水土保持在促进我国经济宏观发展上具有突出作用。

### （三）减少水质污染，提高水环境品质

水土保持可较好提升水环境质量，围绕水源保护开展工作、促进一体化治理有效实施，充分建设生态保护、生态治理，生成一套完备的水土保持防护系统，减少当前

环境污染给水资源带来的损害，从整体上提升水环境质量。

## 三、水利工程水土保持措施分析

### （一）确保生物多样性

围绕生态优先，与生物多样性原则展开水土保持设计，是指借助地方物种，构建生物群落，以保护生态环境。生物多样性包括生物遗传基因、生物物种与生物系统的多样性，对维护生态物种多样性有着现实意义。

### （二）注重乡土化设计

乡土植物环境适应性强，对生态环境恢复有着积极促进作用。不仅恢复生态环境效果显著，同时成本低，合理搭配可显著提高经济与生态效益。

### （三）应用生态修复新技术

针对地势陡峭、降雨量小、土层瘠薄的水利工程建设，水分、土康对施工区的生态恢复影响大；对此，可引用新型的生态修复技术、材料等，减少施工对水土流失的影响，同时确保生态恢复效果。

### （四）加强宣传

水土保持工作，作为与人们生活质量相关联的公益性工程，首先人与自然间应和谐相处。其次利用现代媒体影响，提高群众对工作展开的认识与责任，以及水利工程建设的监督意识。最后各部门应当合理借助群众力量，确保水土保持工作顺利展开。

### （五）综合治理

水利工程建设中，应当加强对堤防、蓄水与引水等工程的认识，改善坡形与沟床，切实预防水土流失。挖方区需设置排水渠、截流沟、抗滑桩、挡土墙等工程措施；降低重力侵蚀影响。回填区应整理坡形，同时敷设林草，减少施工中的水蚀风蚀等侵蚀。临时占地加强防护与整理、补植。施工中的弃渣循环利用。沟道内需设置谷坊、淤地坝等治沟工程，减少边坡淘涮。临时生活区禁止向农田排放污水与生活垃圾。

### （六）提供资金支持

为促使水利工程各项工作有序实施，要求技术人员务必做好资金保障工作。因为水利工程建设严重破坏水土，但这和工程资金链供应直接相关。资金为维持水利工程建设十分重要的一类因素，但在具体水利而在实际工程施工时，各流程均要遵照有关法律及法规来执行，马上制止出现的违规行为，同时在此前提下，编制合理有效的水利工程施工方案。有效预算各施工资金情况，如此避免各方面发生超预算。同时，在给水利工程项目立项过程中，严厉审查施工单位，符合审查条件后，方能进行投标。

水利工程具有时间长、影响广、对生态破坏较大等诸多特点，所以水利工程中更应该注重水土保持措施的开展。水土保持措施一般包括了生态措施、工程措施和临时措施，而针对水利工程的特殊性，往往这几种形式的措施要综合使用，同时水利工程的措施要分部分区进行使用。水利工程施工环节复杂，施工工序不同对场地带来的影响也不同，所以必须根据水利工程每一工序的特点进行水土保持措施的制定和计划，只有合理并合宜的水土保持方案才能够起到防止水土流失的作用。此外，水利工程施工现场要注意水土监测工作的开展，只有开展了水土检测工作才能够更好地有理有据地开展水土保持措施，才能够更好地结合实际开展水土保持相关工作。

# 第四章　水利工程建设项目管理概述

## 第一节　建设项目管理概述

### 一、建设项目的概念

#### （一）项目的含义及其特征

“项目”一词广泛地被人们应用于社会经济和文化生活的各个方面，它是指在一定的约束条件下，具有特定的明确目标的一次性事业（或活动）。

项目所表示的事业或活动十分广泛，如技术更新改造项目、新产品开发项目、科研项目等。在工程领域，项目一般专指工程建设项目，如修建一座水电站、一栋大楼、一条公路等，是具有质量、工期和投资目标要求的一次性工程建设活动。

项目的定义很多，许多管理专家都对项目进行了不同的抽象性概括和描述，这也体现了“项目”所表示的事物的广泛性和丰富内涵。概括起来，项目一般具有如下特征。

**1. 项目的目标性**

任何一个项目，不论是大型项目、中型项目，还是小型项目，都必须有明确的特定目标。如工程建设项目的功能要求，即项目提供或增加一定的生产能力，或形成具有特定使用价值的固定资产和创造的效益。例如，修建一座水电站，其目标表现为形成一定的建设规模，建成后应具有发电、供电能力，发挥社会、经济效益等。

**2. 项目的一次性和单件性**

所谓一次性，是指项目实施过程的一次性。它区别于周而复始的重复性活动。一个项目完成后，不会再安排实施与之具有完全相同开发目的、条件和最终成果的项目。项目作为一次性事业，其成果具有明显的单件性。它不同于现代工业化的大批量生产。因此，作为项目的决策者与管理者，只有认识到项目的一次性和单件性的特点，才能有针对性地根据项目的具体情况和条件，采取科学的管理方法和手段，实现预期目标。

**3. 受人力、物力、时间及其他条件制约**

任何项目的实施，均受到相关条件的制约。就一个工程项目建设而言，都有开工、竣工时间要求的限制，有劳动力、资金和其他物资供应的制约，以及所在国家的法律、工程建设所在地的自然、社会环境等影响。

## （二）建设项目的概念

任何工程项目的运营，都必须具备必要的固定资产和流动资产。固定资产是指在社会再生产过程中，可供较长时间反复使用，使用年限在一年以上，单位价值在规定的限额以上，并在其使用过程中基本上不改变原有实物形态的劳动资料和物质资料。如水工建筑物、电器设备、金属结构设备等。为了保证社会再生产顺利进行，必须进行固定资产再生产，包括简单再生产和扩大再生产。

基本建设即固定资产的建设，包括建筑、安装和购置固定资产的活动，以及与之相关的工作。它是固定资产的扩大再生产，在国民经济活动中成为一类行业，区别于工业、商业、文教、医疗等。

建设项目即基本建设项目，是指按照一个总体设计进行施工，由若干个具有内在联系的单项工程组成，经济上实行统一核算，行政上实行统一管理的基本建设单位。按照《水利水电工程质量评定规程》（SL 176—1999）规定，大、中型水利水电工程划分为单位工程、分部工程、单元工程等三级。其中，单位工程是指具有独立发挥作用或施工条件的建筑物。分部工程是指一个建筑物内能组合发挥一种功能的建筑物安装工程，是组成单位工程的各个部分。对单位工程安全、功能或效益起控制作用的分部工程称为主要分部工程。单元工程是指分部工程中由几个工种施工完成的最小综合体，是日常质量考核的基本单位。

《水利水电工程质量评定规程》(SL 176—1999)中，对项目划分原则做出如下规定。

**1. 单位工程按设计及施工部署划分**

枢纽工程，以每座独立的建筑物为一个单位工程。工程规模大时，也可将一个建筑物中具有独立施工条件的一部分划分为一个单位工程。

渠道工程，按渠道级别（干、支渠）或工程建设期、段划分，以一条干（支）渠或同一建设期、段的渠道工程为一个单位工程。大型渠道建筑物也可以每座独立的建筑物为一个单位工程。

堤防工程，依据设计及施工部署，以堤防、堤岸防护、交叉联结建筑物分别列为单位工程。

**2. 分部工程划分**

枢纽工程的土建工程按设计的主要组成部分划分分部工程；金属结构、启闭机及机电安装工程根据《水利水电基本建设工程单元工程质量等级评定标准》（SDJ 249.2—88）（以下简称《评定标准》）划分分部工程；渠道工程和堤防工程依据设计及施工部署划分分部工程。同一单位工程中，同类型的各个分部工程的工程量不宜相差太大，不同类型的各个分部工程投资不宜相差太大。每个单位工程的分部工程数目，不宜少于 5 个。

3. **单元工程划分**

枢纽工程按照《评定标准》的规定划分。《评定标准》中未涉及的单元工程可依据设计结构、施工部署或质量考核要求划分的层、块、段确定单元工程。

渠道工程中的明渠（暗渠）开挖填筑单元工程、衬砌单元工程按渠道变形缝或结构缝划分。当设计流量小于 $30m^3/s$ 时，单元工程长度不宜大于 100m；当设计流量不小于 $30m^3$ / s 时，单元工程长度不宜大于 50m。渠道建筑物视其规模大小划分单元工程：大型渠道建筑物可按《评定标准》划分单元工程；中型渠道建筑物按设计的组成部分划分，以每一主要组成部分为一个单元工程；小型渠道建筑物以一座或几座建筑物为一个单元工程。堤防工程根据施工方法与施工进度划分单元工程，土堤按填筑层、段划分，每个单元工程填筑量以 $1000 \sim 2000m^3$ 为宜；堤防中的大、中型建筑物可按《评定标准》划分单元工程，小型建筑物以一座或几座建筑物为一个单元工程。

## （三）建设项目的特殊性

建设项目与其他项目相比，具有自己的特殊性。建设项目的特殊性主要从它的成果——建设产品和它的活动过程——工程建设这两个方面来体现。主要体现在下列几个方面。

1. **建设产品的特殊性**

（1）总体性。建设产品的总体性表现在：①它是由许多材料、半成品和产成品经加工装配而组成的综合物；②它是由许多个人和单位分工协作、共同劳动的总成果；③它是由许多具有不同功能的建筑物有机结合成的完整体系。例如，一座水电站，它是由土石料、混凝土、钢材、水轮发电机组以及其他各种机电设备组成的；参与工程建设的单位除项目法人外，还有设计单位、施工单位、设备材料生产供应单位、咨询单位、监理单位等；整个工程不仅包括发电、输变电系统，而且包括水库、引水系统、泄水系统等有关建筑物，另外还包括相应的生活、后勤服务设施。

（2）固定性。一般的工农业产品可以流动，消费使用空间不受限制。而建设产品只能固定在建设场址使用，不能移动。

2. **工程建设的特殊性**

（1）建设周期长。由于建设产品体形庞大，工程量巨大，建设期间要耗用大量的资源，加之建设产品的生产环境复杂多变，受自然条件影响大，所以，其建设周期长，通常需要几年至十几年。在如此长的建设周期中，不能提供完整产品，不能发挥完全效益，造成了大量的人力、物力和资金的长期占用；由于建设周期长，受政治、社会与经济、自然等因素影响大。

（2）建设过程的连续性和协作性。工程建设的各阶段、各环节、各协作单位及各项工作，必须按照统一的建设计划有机地组织起来，在时间上不间断，在空间上不脱节，使建设工作有条不紊地顺利进行。如果某个环节的工作遭到破坏和中断，就会导致该工作停工，甚至波及其他工作，造成人力、物力、财力的积压，并可能导致工期拖延，不能按时投产使用。

（3）施工的流动性。建设产品的固定性决定了施工的流动性。建设产品只能固定在使用地点，那么施工人员及机械就必然要随建设对象的不同而经常流动转移。一个项目建成后，建设者和施工机械就得转移到下一个项目的工地上去。

（4）受自然和社会条件的制约性强。一方面，由于建设产品的固定性，工程施工多为露天作业；另一方面，在建设过程中，需要投入大量的人力和物资。因此，工程建设受地形、地质、水文、气象等自然因素以及材料、水电、交通、生活等社会条件的影响很大。

## 二、建设项目管理

管理是社会活动中的一种普遍的活动。管理的必要性主要在于：首先，管理是共同劳动的产物，是社会化大生产的必然要求。当人们独立从事各种活动就能满足个人的需要时，个人可以单独地决定其行动计划，并加以执行且对执行结果加以控制。但是，为了实现个人能力不能实现的共同目标，需要社会性的共同劳动后，人们之间出现了分工与协作。于是，劳动过程中的“计划、决策、指挥、监督、协调”等功能日益明显起来，随之出现了脑力劳动与体力劳动的分工，进而出现了组织的层次和权力与职责，即出现了管理。其次，管理是提高劳动生产率、资源合理利用的重要手段。

从社会劳动与个体劳动的区别可以看出，管理者通过有效的计划、组织、控制等工作，合理利用人力物力资源，可以用较少的投入和消耗，获得更多的产出，提高经济效益。

管理活动虽然在实际工作中应用广泛，但对管理概念的理解却没有得到统一。职能论学派主要将管理解释为计划、组织、指挥、协调和控制；决策论学派认为管理就是决策；行为科学学派认为管理就是以研究人的心理、生理、社会环境影响为中心，以激励职工的行为为动机，调动人的积极性。目前，管理还未形成准确、统一的定义，但是，也从另一方面反映了管理内涵的丰富性。

管理的职能是指管理者在管理过程中所从事的工作。有关管理职能的划分目前还不够统一，如“计划、组织、协调、控制”，“计划、组织、指挥、协调和控制”，“计划、组织和控制”，“计划、组织、指挥、协调、控制、人事和通信联系”，“计划、组织、控制和激励”等。根据建设工程管理的职能，建设项目管理概括为：在建设项目生命周期内所进行的计划、组织、协调、控制等管理活动，其目的是在一定的约束条件下最优地实现项目建设的预定目标。

### （一）计划职能

计划是全部管理职能中最基本的一个职能，也是管理各职能中的首要职能。项目的计划管理，就是把项目目标、全过程和全部活动纳入计划轨道，用一个动态的计划系统来协调控制整个项目的进程，随时发现问题、解决问题，使建设项目协调有序地达到预期的目标。

计划有两个基本含义：①计划工作，即确定项目的目标及其实现这一目标过程中的子目标和具体工作内容；②计划方案，即根据实际情况，通过科学预测与决策，权衡客观的需要和主观的可能，提出在未来一定时期内要达到的目标以及实现目标的途径。

### （二）组织职能

组织是项目建设计划和目标得以实现的基本保证。管理的组织职能包括两个方面：①组织的结构，即根据项目的管理目标和内容，通过项目各有关部门的分工与协作、权力与责任，建立项目实施的组织结构；②组织行为，通过制度、秩序、纪律、指挥、协调、公平、利益与报酬、奖励与惩罚等组织职能，建立团结与和谐的团队精神，充分发挥个人与集体的能动作用，激励个人与集体的创新精神。

### （三）协调职能

项目在不同阶段、不同部门、不同层次之间存在大量的结合部，这些结合部之间的协商与沟通是项目的重要职能。协调的前提在于不同阶段、部门或层次之间存在利益联系与利益冲突；协调的依据是国家有关工程建设的法律、法规、规章，建设项目的批准文件和设计文件，以及规定这些不同主体之间利益联系的合同；协调的目的是正确处理项目建设过程中总目标与阶段目标、全局利益与局部利益之间的关系，保证项目建设的顺利进行。

在项目建设实施过程中，与当地政府和各有关部门之间存在多方面的联系。因此，必须做好项目建设的外部协调工作，为项目建设提供良好的外部保证和建设环境。

（四）控制职能

在项目建设实施过程中，根据项目建设的进度计划，通过监督、检查、对比分析、反馈调整，对项目实行有效的控制，是项目管理的重要职能。项目控制的方式是在项目计划实施过程中，通过预测、预控和检查、监督项目目标的实现情况，将其与计划目标值对比。若实际与计划目标之间出现偏差，则应分析其产生的原因，及时采取措施纠正偏差，力争使实际执行情况与计划目标值之间的差距减小到最低程度，确保项目目标的圆满实现。建设项目的主要控制目标一般包括质量控制、工期控制和投资控制。

## 第二节　水利工程项目建设程序

### 一、建设程序的概念

建设程序是指由行政性法规、规章所规定的，进行基本建设所必须遵循的阶段及其先后顺序。这个法则是人们在认识客观规律，科学地总结了建设工作的实践经验的基础上，结合经济管理体制制定的。它反映了项目建设所固有的客观规律和经济规律，体现了现行建设管理体制的特点，是建设项目科学决策和顺利进行的重要保证。国家通过制定有关法规，把整个基本建设过程划分为若干个阶段，规定每一阶段的工作内容、原则以及审批权限。建设程序既是基本建设应遵循的准则，也是国家对基本建设进行监督管理的手段之一。它是国家计划管理、宏观资源配置的需要，是主管部门对项目各阶段监督管理的需要。

### 二、水利工程建设程序

我国的工程项目建设程序是在社会主义建设中，随着人们对项目建设认识的日益深化而逐步建立、发展起来的，并随着我国经济体制改革的深入得到进一步完善。1952 年，我国出台了第一个有关建设程序的全国性文件，对基本建设的阶段做出了初步的规定。之后，又对加强规划和设计等工作做出了进一步的规定。改革开放以来，改革和完善建设程序的步骤加快。1978 年，明确规定项目从计划建设到建成投产必须经过以下阶段：编制计划任务书，选定建设地点；经批准后，进行勘察设计；初步设计，经批准列入国家年度计划后，组织施工；工程按设计完成，进行验收，交付使用。1979 年，决定建立建设项目开工报告制度。1981 年，对利用外资、引进技术项目提出要编制项目建议书和可行性研究报告的要求。1983 年，做出决定，国内项目也试行项目建议书和可行性研究报告的做法。1984 年，确定所有项目都实行项目建议书和设计任务书审批制度，利用外资和引进技术项目以可行性研究报告代替设计任务书。1991 年，又进一步规定，将国内投资的项目设计任务书和利用外资项目的可行性研究报告统一称为可行性研究报告，取消设计任务书的名称。1995 年，水利部《水利工程建设项目管理规定（试行）》（水建〔1995〕128 号）文件规定，水利工程建设程序一般分为：项目建议书、可行性研究报告、初步设计、施工准备（包括招标设计）、建设实施、生产准备、竣工验收、后评价等阶段。

水利工程项目建设程序中，通常将项目建议书、可行性研究和初步设计作为一个大阶段，称为项目建设前期阶段或项目决策阶段；初步设计以后的建设活动作为另一大阶段，称为项目建设实施阶段；最后是生产阶段。

水利工程项目建设应按照《水利工程建设程序管理暂行规定》（水利部水建〔1998〕16 号）实施。

### （一）项目建议书阶段

项目建议书是对拟进行建设项目的初步说明和建议文件，是基本建设程序中最初阶段的工作，是投资决策前对拟建项目的轮廓设想。项目建议书应根据国民经济和社会发展长远规划、流域综合规划、区域综合规划、专业规划，按照国家产业政策和国家有关投资建设方针进行编制。

水利工程的项目建议书编制按照水利部《水利水电工程项目建议书编制暂行规定》（水利部水规划〔1996〕608 号）进行。项目建议书一般由政府委托有相应资格的设计单位承担。项目建议书编制完成后，按国家现行规定，依建设总规模和限额的划分审批权限向主管部门申报审批。

按现行规定，凡属大中型或限额以上项目的项目建议书，首先要报送行业归口主管部门，同时抄送国家发展和改革委员会。行业归口主管部门要根据国家中长期规划的要求，着重从资金来源、建设布局、资源合理利用、经济合理性、技术初步可行性等方面进行初审。行业归口主管部门初审通过后报国家发展和改革委员会，由国家发展和改革委员会再从建设总规模、生产力总布局、资源优化配置及资金供应、外部协作条件等方面进行综合平衡，还要委托有资格的工程咨询单位评估后审批。凡行业归口主管部门初审未通过的项目，国家发展和改革委员会不予审批。凡属小型和限额以下项目的项目建议书，按项目隶属关系由部门或地方发展和改革委员会审批。项目建议书被批准后，由政府向社会公布，若有投资建设意向，应及时组建项目法人筹建机构，开展下一建设程序工作。

### （二）可行性研究报告阶段

可行性研究在批准的项目建议书基础上进行，应对项目进行方案比较，在技术上是否可行和经济上是否合理进行科学的分析和论证。我国从 20 世纪 80 年代初将可行性研究正式纳入基本建设程序，规定大中型项目、利用外资项目、引进技术和设备进口项目都要进行可行性研究，其他项目有条件的也要进行可行性研究。可行性研究报告由项目法人（或筹备机构）组织编制，承担可行性研究工作的单位应是经过资格审定的规划、设计和工程咨询单位。

可行性研究报告是在可行性研究的基础上编制的一个重要文件。水利工程建设项目的可行性研究报告应按照《水利水电工程可行性研究报告编制规程》（电力部、水利部电办〔1993〕112 号）编制。可行性研究报告的主要内容有建设项目的目标与依据、建设规模、建设条件、建设地点、资金来源、综合利用要求、环保评估、建设工期、投资估算、经济评价、工程效益、存在的问题和解决方法等。

可行性研究报告，按照国家现行规定的审批权限报批。1988 年，国务院颁布的投资管理体制的近期改革方案，对可行性研究报告的审批权限做了新的调整。文件规定，属中央投资、中央和地方合资的大中型和限额以上项目的可行性研究报告，要报送国家发展和改革委员会审批；总投资 2 亿元以上的项目，不论是中央项目还是地方项目，都要经国家发展和改革委员会审查后报国务院审批；中央各部门所属小型和限额以下项目，由各部门审批；地方投资 2 亿元以下项目，由地方发展和改革委员会审批。

审批部门要委托有项目相应资格的工程咨询机构对可行性研究报告进行评估，并综合行业归口主管部门、投资机构（公司）、项目法人（或项目法人筹备机构）等方面的意见进行审批。

申报项目可行性研究报告，必须同时提出项目法人组建方案及运行机制、资金筹措方案、资金结构及回收资金的办法，并依照有关规定附具有管辖权的水行政主管部门或流域机构签署的规划同意书、对取水许可预申请的书面审查意见。

可行性研究报告经批准后，不得随意修改和变更，在主要内容上有重要变动，应经原批准机构复审同意。经批准的可行性研究报告，是项目决策和进行初步设计的依据。项目可行性研究报告批准后，应正式成立项目法人，并按项目法人责任制实行项目管理。

### （三）设计工作

设计是对拟建工程的实施在技术上和经济上所进行的全面而详细的安排，是基本建设计划的具体化，是整个工程的决定环节，是组织施工的依据。它直接关系着工程质量和将来的使用效果。

就设计工作而言，根据建设项目的不同情况，设计过程一般划分为两个阶段，即初步设计阶段和施工图设计阶段；重大项目和技术复杂项目，可根据不同行业的特点和需要，增加技术设计阶段。从水利工程项目建设程序角度讲，初步设计是建设程序的一个阶段，技术设计一般属于施工准备阶段的工作，施工图设计在项目建设实施阶段进行。初步设计是根据批准的可行性研究报告和必要而准确的设计资料，对设计对象进行系统研究，阐明拟建工程在技术上的可行性和经济上的合理性，规定项目的各项基本技术参数，编制项目的总概算。

水利工程项目的初步设计，应根据充分利用水资源、综合利用工程设施和就地取材的原则，通过不同方案的分析比较，论证本工程及主要建筑物的等级标准，选定坝(闸)址，确定工程总体布置方案、主要建筑物形式和控制性尺寸、水库各种特征水位、装机容量、机组机型，制订施工导流方案、主体工程施工方法、施工总进度和施工总布置，以及对外交通、施工动力和工地附属企业规划，并进行选定方案的设计和编制设计概算。初步设计任务应由项目法人按规定方式择优选择有项目相应资格的设计单位承担，按照《水利水电工程初步设计报告编制规程》(电力部、水利部电办〔1993〕113号)编制。设计单位必须严格保证设计质量，承担初步设计的合同责任。初步设计文件经批准后，作为项目建设实施的技术文件基础，主要内容不得随意修改、变更。如有重要修改、变更，须经原审批机关复审同意。

初步设计文件报批前，一般须由项目法人委托有相应资格的工程咨询机构或组织行业各方面（包括管理、设计、施工、咨询等方面）的专家，对初步设计文件进行补充、修改、优化。初步设计由项目法人组织审查后，按照国家现行规定权限向主管部门申报审批。

### （四）施工准备阶段

项目法人向主管部门提出主体工程开工申请报告前，必须进行准备工作，主要包括：

（1）建设项目列入国家或地方年度计划、落实年度建设资金。

（2）施工现场的征地、拆迁。

（3）完成施工用水、电、通信、路和场地平整等工程。

（4）必需的生产、生活临时建筑工程。

（6）组织招标设计、咨询、设备和物资采购等服务。

（6）选择设计单位并落实初期主体工程施工详图设计。

（7）组织项目监理、设备采购、施工等招标。

年度建设计划是合理安排分年度施工项目和投资，规定年度计划应完成建设任务的文件。它具体规定：各年应该建设的工程项目和进度要求，应该完成的投资金额的构成，应该交付使用固定资产的价值和新增的生产能力等。只有列入批准的年度建设计划的工程项目，才能安排施工和支用建设资金。

在《水利工程建设程序管理暂行规定》（水利部水建〔1998〕16号文）中，要求进行施工准备前必须办理报建手续。之后，在水利部2005年4月28日发布的《关于水利行政审批项目目录的公告中》，水利工程建设项目报建审批列入《国务院决定取消的水利行政审批项目目录》中而被取消。

### （五）建设实施阶段

建设实施阶段是指主体工程的建设实施。建设项目经批准开工后，按照“政府监督、项目法人负责、社会监理、企业保证”的要求，建立健全质量管理体系。项目法人按照批准的建设文件，发挥项目管理的主导地位，组织工程建设，协调有关建设各方的关系和建设外部环境，保证项目建设目标的实现；参与项目建设的各方，依照项目法人与设计、监理、工程承包单位以及材料与设备采购等有关各方签订的合同，行使各方的合同权利，并严格履行各自的合同义务；重要建设项目，须设立质量监督项目站，行使政府对项目建设的监督职能。

#### 1. 开工时间

开工时间是指建设项目设计文件中规定的任何一项永久性工程中第一次正式破土动工的时间。工程地质勘查、平整土地、临时导流工程、临时建筑、施工用临时道路、水、电等施工，不算正式开工。

#### 2. 主体工程开工条件

项目法人或其代理机构必须按审批权限，向主管部门提出主体工程开工申请报告，经批准后，主体工程方能正式开工。主体工程开工须具备的条件是：

（1）前期工程各阶段文件已按规定批准，施工详图设计可以满足初期主体工程施工需要。

（2）建设项目已列入国家或地方水利建设投资年度计划，年度建设资金已落实。

（3）主体工程招标已经决标，工程承包合同已经签订，并得到主管部门同意。

（4）现场施工准备和征地移民等建设外部条件能够满足主体工程开工需要。实行项目法人责任制，主体工程开工前还必须具备以下条件：

1）建设管理模式已经确定，投资主体与项目主体的管理关系已经理顺。

2）项目建设所需全部投资来源已经明确，且投资结构合理。

3）项目产品的销售已有用户承诺，并确定了定价原则。

#### 3. 项目建设组织实施

项目法人要充分发挥建设管理的主导作用，创造良好的建设条件。项目法人要充分授权监理单位，进行项目的建设工期、质量、安全、投资的控制和现场组织协调。

## （六）生产准备

生产准备是为使建设项目顺利投产运行在投产前所要进行的一项重要工作，是建设阶段转入生产经营的必要条件。根据建设项目或主要单项工程的生产技术特点，项目法人应按照建管结合和项目法人责任制的要求，适时做好有关生产准备工作。

生产准备根据不同类型的工程要求确定，一般包括如下主要内容。

### 1. 生产组织准备

建立生产经营的管理机构及相应管理制度，如组建生产运行管理组织机构，明确各部门人员编制、分工与协作、岗位职责和权力，制定工作程序、人员岗位守则、奖惩制度和其他有关规章制度。

### 2. 招收和培训人员

按照生产运营的要求，配备生产管理人员，并通过多种形式的培训，提高人员素质，使之能满足运营要求。生产管理人员要尽早介入工程的施工建设，参加设备的安装、调试，熟悉情况，掌握生产技术和工艺流程，为顺利衔接基本建设和生产经营阶段做好准备。

### 3. 生产技术准备

生产技术准备主要包括：技术资料的汇总、运行技术方案的制订、岗位操作规程制定和新技术准备。

### 4. 生产物资准备

生产物资准备主要包括：落实投产运行所需要的原材料、协作产品、工器具、备品备件和其他协作配合条件的准备。

### 5. 正常的生活福利设施准备

根据生产和生活的需要以及工程现场自然、经济和社会条件，准备正常的生活福利设施，如住房、交通、水、暖、电、气、生活用品供应，以及子女教育、医疗保健、休闲娱乐等。

### 6. 产品销售合同

及时、具体落实产品销售合同的签订，提高生产经营效益，为偿还债务和资产的保值增值创造条件。

## （七）竣工验收阶段

竣工验收是工程完成建设目标的标志，是全面考核基本建设成果、检验设计和工程质量的重要步骤。竣工验收合格的项目即从基本建设转入生产或使用。

为加强水利工程建设项目验收管理，明确验收责任，规范验收行为，结合水利工程建设项目的特点，制定并公布了《水利工程建设项目验收管理规定》（水利部令第30号），自2007年4月1日起施行，并明确其适用于由中央或者地方财政全部投资或者部分投资建设的大中型水利工程建设项目（含1、2、3级堤防工程）的验收活动。

水利工程建设项目验收，按验收主持单位性质不同分为法人验收和政府验收两类。法人验收是指在项目建设过程中由项目法人组织进行的验收。法人验收是政府验收的基础。政府验收是指由有关人民政府、水行政主管部门或者其他有关部门组织进行的验收，包括专项验收、阶段验收和竣工验收。当水利工程建设项目具备验收条件时，应当及时组织验收。未经验收或者验收不合格的，不得交付使用或者进行后续工程施工。

**1. 水利工程建设项目验收的依据**

（1）国家有关法律、法规、规章和技术标准。

（2）有关主管部门的规定。

（3）经批准的工程立项文件、初步设计文件、调整概算文件。

（4）经批准的设计文件及相应的工程变更文件。

（5）施工图纸及主要设备技术说明书等。

（6）法人验收还应当以施工合同为验收依据。

**2. 验收的监督管理**

（1）水利部负责全国水利工程建设项目验收的监督管理工作。

（2）水利部所属流域管理机构（以下简称流域管理机构）按照水利部授权，负责流域内水利工程建设项目验收的监督管理工作。

（3）县级以上地方人民政府水行政主管部门按照规定权限负责本行政区域内水利工程建设项目验收的监督管理工作。

（4）法人验收监督管理机关对项目的法人验收工作实施监督管理。

由水行政主管部门或者流域管理机构组建项目法人的，该水行政主管部门或流域管理机构是本项目的法人验收监督管理机关；由地方人民政府组建项目法人的，该地方人民政府水行政主管部门是本项目的法人验收监督管理机关。

**3. 法人验收**

工程建设完成分部工程、单位工程、单项合同工程，或者中间机组启动前，应当组织法人验收。项目法人可以根据工程建设的需要增设法人验收的环节。法人验收由项目法人主持。验收工作组由项目法人、设计、施工、监理等单位的代表组成，必要时可以邀请工程运行管理单位等参建单位以外的代表及专家参加。项目法人可以委托监理单位主持分部工程验收，有关委托权限应当在监理合同或者委托书中明确。

分部工程验收的质量结论应当报该项目的质量监督机构核备；未经核备的，项目法人不得组织下一阶段的验收。

单位工程以及大型枢纽主要建筑物的分部工程验收的质量结论应当报该项目的质量监督机构核定；未经核定的，项目法人不得通过法人验收；核定不合格的，项目法人应当重新组织验收。质量监督机构应当自收到核定材料之日起20个工作日内完成核定。项目法人应当自法人验收通过之日起30个工作日内，制作法人验收鉴定书，发送参加验收单位，并报送法人验收监督管理机关备案。法人验收鉴定书是政府验收的备查资料。单位工程投入使用验收和单项合同工程完工验收通过后，项目法人应当与施工单位办理工程的有关交接手续。工程保修期从通过单项合同工程完工验收之日算起，保修期限按合同约定执行。

4. **政府验收**

（1）验收主持单位。阶段验收、竣工验收由竣工验收主持单位主持。竣工验收主持单位可以根据工作需要委托其他单位主持阶段验收。专项验收依照国家有关规定执行。国家重点水利工程建设项目，竣工验收主持单位依照国家有关规定确定。国家确定的重要江河、湖泊建设的流域控制性工程、流域重大骨干工程建设项目，竣工验收主持单位为水利部。

除前面所述以外的其他水利工程建设项目，竣工验收主持单位按照以下原则确定：

1）水利部或者流域管理机构负责初步设计审批的中央项目，竣工验收主持单位为水利部或者流域管理机构。

2）水利部负责初步设计审批的地方项目，以中央投资为主的，竣工验收主持单位为水利部或者流域管理机构；以地方投资为主的，竣工验收主持单位为省级人民政府（或者其委托的单位）或者省级人民政府水行政主管部门（或者其委托的单位）。

3）地方负责初步设计审批的项目，竣工验收主持单位为省级人民政府水行政主管部门（或者其委托的单位）。

竣工验收主持单位为水利部或者流域管理机构的，可以根据工程实际情况，与省级人民政府或有关部门共同主持。竣工验收主持单位应当在工程开工报告的批准文件中明确。

（2）专项验收。枢纽工程导（截）流、水库下闸蓄水等阶段验收前，涉及移民安置的，应当完成相应的移民安置专项验收。工程竣工验收前，应当按照国家有关规定，进行环境保护、水土保持、移民安置以及工程档案等专项验收。经有关部门同意，专项验收可以与竣工验收一并进行。项目法人应当自收到专项验收成果文件之日起10个工作日内，将专项验收成果文件报送竣工验收主持单位备案。专项验收成果文件是阶段验收或竣工验收成果文件的组成部分。

（3）阶段验收。工程建设进入枢纽工程导（截）流、水库下闸蓄水、引（调）

排水工程通水、首（末）台机组启动等关键阶段，应当组织进行阶段验收。竣工验收主持单位根据工程建设的实际需要，可以增设阶段验收的环节。阶段验收的验收委员会由验收主持单位、该项目的质量监督机构和安全监督机构、运行管理单位的代表以及有关专家组成；必要时，应当邀请项目所在地的地方人民政府以及有关部门参加。工程参建单位是被验收单位，应当派代表参加阶段验收工作。

验收主持单位应当自阶段验收通过之日起 30 个工作日内，制作阶段验收鉴定书，发送参加验收的单位，并报送竣工验收主持单位备案。阶段验收鉴定书是竣工验收的备查资料。

（4）竣工验收。竣工验收应当在工程建设项目全部完成并满足一定运行条件后 1 年内进行；不能按期进行竣工验收的，经竣工验收主持单位同意，可以适当延长期限，但最长不得超过 6 个月。当工程具备竣工验收条件时，项目法人应当提出竣工验收申请，经法人验收监督管理机关审查后报竣工验收主持单位。竣工验收主持单位应当自收到竣工验收申请之日起 20 个工作日内决定是否同意进行竣工验收。

竣工验收原则上按照经批准的初步设计所确定的标准和内容进行。项目有总体初步设计又有单项工程初步设计的，原则上按照总体初步设计的标准和内容进行；也可以先进行单项工程竣工验收，最后按照总体初步设计进行总体竣工验收。项目有总体可行性研究但没有总体初步设计而有单项工程初步设计的，原则上按照单项工程初步设计的标准和内容进行竣工验收。建设周期长或者因故无法继续实施的项目，对已完成的部分工程可以按单项工程或者分期进行竣工验收。

竣工验收分为竣工技术预验收和竣工验收两个阶段：

1）竣工技术预验收。大型水利工程在竣工技术预验收前，项目法人应当按照有关规定对工程建设情况进行竣工验收技术鉴定。中型水利工程在竣工技术预验收前，竣工验收主持单位可以根据需要决定是否进行竣工验收技术鉴定。竣工技术预验收由竣工验收主持单位以及有关专家组成的技术预验收专家组负责。工程参建单位的代表应当参加技术预验收，汇报并解答有关问题。

2）竣工验收。竣工验收的验收委员会由竣工验收主持单位、有关水行政主管部门和流域管理机构、有关地方人民政府和部门、该项目的质量监督机构和安全监督机构、工程运行管理单位的代表以及有关专家组成。工程投资方代表可以参加竣工验收委员会。竣工验收主持单位可以根据竣工验收的需要，委托具有相应资质的工程质量检测机构对工程质量进行检测。项目法人全面负责竣工验收前的各项准备工作，设计、施工、监理等工程参建单位应当做好有关验收准备和配合工作，派代表出席竣工验收会议，负责解答验收委员会提出的问题，并作为被验收单位在竣工验收鉴定书上签字。竣工验收主持单位应当自竣工验收通过之日起 30 个工作日内，制作竣工验收鉴定书，并发送有关单位。竣工验收鉴定书是项目法人完成工程建设任务的凭据。

（5）验收遗留问题处理与工程移交。项目法人和其他有关单位应当按照竣工验收鉴定书的要求妥善处理竣工验收遗留问题和完成尾工。验收遗留问题处理完毕和尾工完成并通过验收后，项目法人应当将处理情况和验收成果报送竣工验收主持单位。工程通过竣工验收，验收遗留问题处理完毕和尾工完成并通过验收的，竣工验收主持单位向项目法人颁发工程竣工证书（工程竣工证书格式由水利部统一制定）。

工程通过竣工验收后，应当及时办理移交手续。工程移交后，项目法人以及其他参建单位应当按照法律法规的规定和合同约定，承担后续的相关质量责任。项目法人已经撤销的，由撤销该项目法人的部门承接相关的责任。

需要说明的是，《水利水电建设工程验收规程》（SL 223—1999）正在修订，不日即将颁布新的验收规程。因此，水利工程建设项目的验收应严格执行《水利工程建设项目验收管理规定》（水利部令〔2006〕30 号）和新的验收规程，在此不再多叙。

### （八）后评价

项目后评价是固定资产投资管理工作的一个重要内容。建设项目竣工投产后，一般经过 1 ~ 2 年生产运营后，要进行一次系统的项目后评价。

项目后评价的主要内容包括：影响评价——项目投产后对各方面的影响进行评价；经济效益评价——项目投资、国民经济效益、财务效益、技术进步和规模效益、可行性研究深度等进行评价；过程评价——对项目的立项、设计施工、建设管理、竣工投产、生产运营等全过程进行评价。

项目后评价一般按三个层次组织实施，即项目法人的自我评价、项目行业的评价、计划部门（或主要投资方）的评价。

项目后评价工作必须遵循客观、公正、科学的原则，做到分析合理、评价公正。通过建设项目的后评价以达到肯定成绩、总结经验、研究问题、吸取教训、提出建议、改进工作，不断提高项目决策水平和投资效果的目的。

## 三、世界银行贷款项目周期

改革开放以来，我国利用外资的数量逐年增加，渠道也愈来愈多，其中世界银行贷款是最主要的资金来源。从 1981 年开始至 1998 年 6 月止，世界银行贷款项目累计金额达 304 亿元。

### （一）世界银行简介

世界银行集团与国际货币基金组织、世界贸易组织是当今世界三大经济组织。世界银行集团包括国际复兴开发银行（IBRD）、国际开发协会（IDA）、国际金融公司（IFC）、多边投资担保机构（MIGA）、解决投资争端国际中心（ICSID）和经济发展学院（EDI）。世界银行的活动宗旨是：

（1）对用于生产目的的投资提供便利，以协助会员国复兴与发展。

（2）通过保证或参加私人贷款和其他私人投资方式，促进私人对外投资，并在适当情况下运用银行本身资本或筹措资金向会员国提供生产性贷款，补充私人投资的不足。

（3）鼓励会员国从事生产资源的国际开发，促进国际贸易长期均衡发展，维持国际收支平衡，提高会员国人民生活水平并改善劳动条件。

（4）处理贷款时，对会员国急需的项目应优先考虑。

（5）注意到国际投资对会员国商业情势的影响，协助会员国实现从战时经济到平时经济的平稳过渡。

世界银行具有国际人格并具有法人资格，由理事会、执行董事会、总裁及其他公职人员组成，下设金融部、业务部、人事与行政部等。世界银行的资金来源于成员国缴纳的股金、向国际金融市场贷款及营业收入。世界银行的主要业务包括向成员国提供贷款、为成员国从其他机构或其他渠道取得贷款提供担保、向成员国提供经济金融技术咨询服务。自 1980 年 5 月，世界银行恢复了我国的合法席位，我国已先后从世界银行贷款数百亿美元用于发展经济。

### （二）贷款条件

世界银行贷款是一种中长期贷款，主要用于大中型基础设施建设，如防洪与排涝、灌溉、跨流域调水、发电、交通、污水处理等。水利工程项目贷款的基本条件为：

（1）贷款项目本身应符合国民经济发展的需要和流域规划，已列入中央或地方中长期发展基建计划之中，并属于被优先实施的重点项目。

（2）项目建设的外部条件比较好，基本不涉及水利纠纷和难以解决的其他边界矛盾等。

（3）项目本身应具有良好的经济效益和财务效益，通过水费、电费和税收等方面的回收，具有一定的偿还能力。

（4）地方或部门贷款项目的主管部门或项目单位，要有较高的贷款积极性，对世界银行贷款应本着“谁受益谁承担”的原则，有能力按期偿还。

（5）必须落实国内配套资金。在项目实施期间，应保证国内筹措的资金按年及时到位。

（6）为保证项目顺利实施，项目建设单位必须建立与项目建设相适应的组织管理机构，配备有实践经验的技术和管理人员。

（7）项目的前期工作要有一定的基础，勘测设计工作已进行到一定的程度，基本具备世界银行项目评估的条件。

（8）项目竣工投产后，要有足够的资金来源解决工程维修和日常运行管理所发生的费用。

## （三）项目周期

世界银行贷款项目既要遵循我国的基本建设管理制度，又要遵循世界银行项目贷款的有关程序和规定。世界银行对贷款项目的管理有一套完整的、严密的程序和制度，对其贷款的项目，从开始到完成投产，必须经过选定、准备、评估、谈判、实施与监督、总结评价六个阶段，称之为“项目周期”。

### 1. 项目的选定

项目的选定主要考察由借款国提出的需要优先考虑并符合世行贷款原则的项目。在选定阶段，首先由借款国对诸多项目进行初选，被选项目必须提供准确、完善的原始资料，初步分析项目建设的必要性、建设规模以及技术上和经济上的可行性。项目初选确定后，借款国便可着手编制“项目选定报告”（相当于国内项目的项目建议书）。报告中应明确项目的建设目标（规模）、建设条件、建设计划，说明完成项目的关键性问题、项目的初步经济评价。项目选定报告送交世行进行筛选，经世行选定后，即列入其贷款计划。

### 2. 项目的准备

项目准备阶段的主要工作是对项目做可行性研究。这是世界银行确定项目贷款的关键性步骤，由借款国在世界银行专家密切配合下进行。

在可行性研究中，应对项目建设的必要性、产品和原材料市场情况、建设条件、工程技术、实施计划和组织机构等做出估计；进行财务和经济评价，做出风险估计；还要对其环境影响和社会效益进行分析。在可行性研究基础上，提出几个可供选择的方案进行比较和分析，推荐最佳方案。最后，编制一份详细的“项目报告”，即可行性研究报告。世行对可行性研究报告的要求较严，一般要求达到我国扩大初步设计的深度。

### 3. 项目的评估

借款国提出“项目报告”后，世界银行派出由各种技术、经济专家组成的工作组进行实地考察，全面系统地检查项目准备的工作情况和各种原始资料，并与借款国有关部门和设计、咨询机构进行讨论和核实。

评估时，将从技术、组织、财务和经济等几个方面，对可行性研究报告中提出的规模、资源条件、市场预测、工程技术以及财务、经济分析做出全面评价。

4. **项目的谈判**

项目评估通过以后，世界银行邀请借款国派代表去华盛顿总部就贷款协定进行谈判。谈判内容不但包括贷款数额和分配比例、费率、支付办法、还贷方式和期限、采购方式、咨询服务等，更重要的是确定借款国保证项目顺利实施的措施和执行机构。谈判达成协议后，由借款国政府（我国为财政部）出面，签订正式贷款协定，并签署担保协议书（我国由中国人民银行担保），然后由世界银行主管地区项目的副行长签署后报送执行董事会或行长批准，经联合国登记备案后，正式生效，可以开始提款，进入实施阶段。

5. **项目的实施**

在项目的实施阶段，借款国负责项目的执行和经营，世界银行负责对项目的监督。项目实施时间从决定投资开始到投产为止，借款国应严格执行贷款协议和制订项目执行计划和时间安排方案，包括进行项目的设计、采购、施工和试运行工作。如果计划不妥善，就会拖延进度，延长工期，以致影响项目可能得到的盈利。

世界银行一般根据借款国报送的项目进度报告，掌握项目发展情况及借款国对贷款协议各项保证的履行情况，并了解项目的实际执行是否违反协议规定及其原因，以便与借款国商讨解决方法，或者在适当情况下同意借款国变更项目的具体内容。

借款国的进度报告应包括下面的内容：

（1）从设计到实施，投产各个阶段的进度。

（2）项目的成本、开支以及世界银行贷款的支付情况。

（3）借款国对项目的管理和经营情况。

（4）贷款协议中借款国承诺保证的执行情况。

（5）借款国的财力情况及其前景。

（6）项目预期收益情况。

除通过进度报告掌握项目的情况外，世界银行还不断派出各种高级专家到借款国视察，随时向借款国提出有关施工、调整贷款数额和付款方法的意见，并逐年提出“监督项目执行情况报告书”。

世界银行的专家们在总结项目实施的经验时认为，借款国应对下述三个问题加以重视，以保证贷款项目的顺利执行。

（1）管理问题。管理力量薄弱常常是项目推迟和费用超支的根源。这表现在计划不周，征用土地的时间推迟，招标和签订合同推迟，项目监督不力，对政策变化反应迟缓以及工作人员积极性不高、效率低。

（2）财务上的困难。原因可能是国家的投资计划与资金来源不能平衡，致使国家支持的项目资金不足，世界性或本国的通货膨胀，官僚主义造成资金供应或支付的拖延等，致使项目实施推迟，费用超支。费用超支是项目实施过程中的晴雨表，因为实施过程中所发生的问题都会造成项目额外费用增加和工期推迟。

（3）技术问题。包括原材料质量低劣、设计不周以及进口设备不适应等。在项目的实施过程中，世界银行要自始至终地进行监督并提供咨询服务。在项目实施过程中，世界银行要求项目单位定期报送“项目进度报告”，并不断派遣各种高级专家前来视察和检查，随时向借款国提出实施中发生的问题，共同研究解决，或调整进度和年度贷款使用计划。

**6. 项目的总结评价**

在贷款全部发放完毕，项目开始投产后一年左右，世界银行要对项目进行全面总结，并做出初步评价。这个工作由世界银行执行董事会指定专职董事领导的“业务评议局”负责，它是一个独立机构，直接对执行董事会或行长负责。这一总结评价工作，相当于我国的“后评价”。

世界银行对完建项目进行总结评价的目的，在于吸取经验教训，为今后执行同类项目积累经验，同时，也是对借款国在实施项目中成绩优劣的评价和使用世界银行贷款能力的考核。

## 第三节　水利工程建设法律法规基本知识

### 一、我国法律规范的形式

我国法律规范的主要形式是规范性文件。规范性文件是相对于非规范性文件而言的。规范性文件是指国家机关在其权限范围内，按照法定程序制定和颁布的具有普遍约束力的行为规则的文件。非规范性文件是指国家机关在其权限内发布的只对个别人或个别事有效而不包含具有普遍约束力的行为规则的文件。广义的规范性文件是指属于法律范畴（宪法、法律、行政法规、地方法规、规章等）的立法性文件和除此以外的由国家机关和其他团体、组织制定的具有约束力的非立法性文件的总和。通常所说的规范性文件指狭义的规范性文件，是指法律范畴以外的其他具有约束力的非立法性文件。在我国，由于制定规范性文件的国家机关不同，文件的名称和法律效力也不同，依效力由高到低，依次分为宪法、法律、行政法规、地方法规、规章等。

#### （一）宪法

我国的宪法以法律的形式确认了我国各族人民奋斗的成果，规定了国家的根本制度和根本任务，公民的基本权利和义务，以及国家机关等。宪法是我国的根本法，具有最高的法律效力。全国各族人民、一切国家机关和武装力量、各政党和各社会团体、各企业事业组织，都必须以宪法为根本的活动准则，并且负有维护宪法尊严、保证宪法实施的职责。

### （二）法律

法律分为基本法律和其他法律。基本法律是指由全国人民代表大会制定和修改的刑事、民事、国家机构的法律。其他法律是指全国人民代表大会常务委员会制定和修改的除应由全国人民代表大会制定的法律。

法律解释权属于全国人民代表大会常务委员会，法律解释同法律具有同等效力。

### （三）行政法规

行政法规指国务院根据宪法和法律而制定的规范性文件。行政法规由国务院组织起草，其决定程序依照《中华人民共和国国务院组织法》的有关规定办理，一般经国务院常务会议审议通过，由国务院总理签署国务院令发布、施行。

### （四）地方性法规、自治条例和单行条例

#### 1. 地方性法规

地方性法规包括省级地方性法规和较大的市级地方性法规。较大的市是指省、自治区人民政府所在地的市，经济特区所在地的市和经国务院批准的较大的市。

省级地方性法规是指省、自治区、直辖市的人民代表大会及其常务委员会根据本行政区域的具体情况和实际需要，在不与宪法、法律、行政法规相抵触的前提下制定的规范性文件。由省级人民代表大会及其常务委员会制定的地方性法规，分别由大会主席团和常务委员会发布公告予以公布。

较大的市级地方性法规是指较大的市的人民代表大会及其常务委员会根据本市的具体情况和实际需要，在不与宪法、法律、行政法规和本省、自治区的地方性法规相抵触的前提下制定的规范性文件。较大的市级地方性法规需报省、自治区人民代表大会常务委员会批准后，由较大的市的人民代表大会常务委员会发布公告予以公布。

#### 2. 自治条例和单行条例

民族自治地方的人民代表大会有权依照当地民族的政治、经济和文化特点，制定自治条例和单行条例，对法律和行政法规的规定做出变通规定，但不得违背法律和行政法规的基本原则，不得对宪法和民族区域自治法的规定以及其他法律、行政法规专

门就民族自治地方所作的规定做出变通规定。自治区的自治条例和单行条例，报全国人民代表大会常务委员会批准后生效；自治州、自治县的自治条例和单行条例，报省、自治区、直辖市人民代表大会常务委员会批准后生效。自治条例和单行条例经批准后，分别由自治区、自治州、自治县的人民代表大会常务委员会发布公告。

### （五）规章

规章包括部门规章和地方政府规章。

**1. 部门规章**

部门规章是指由国务院各部、委、中国人民银行、审计署和具有行政管理职能的直属机构，依据法律和国务院行政法规，在本部门的权限内制定的规范性文件。部门规章应经部务会议或者委员会会议决定，由部门首长签署命令予以公布。

**2. 地方政府规章**

地方政府规章是指由省、自治区、直辖市和较大的市的人民政府，根据法律、行政法规和本省、自治区、直辖市的地方性法规制定的规范性文件。地方政府规章应经政府常务会议或全体会议决定，由省长或自治区主席或市长签署命令予以公布。

## 二、水利工程建设管理法律法规构成

### （一）法律关系

人们在社会生活的各个领域结成广泛的社会关系。法律关系是由法律规范所调整的社会关系，具体表现为法律上的权利义务关系。各种不同的社会关系需要各种不同的法律规范去调整，从而形成各种不同的法律关系。我国的法律关系主要包括行政法律关系、民事法律关系、刑事法律关系等。

### （二）水法规体系

国家根据法律调整对象的不同，把法律划分为若干部门。各个法律部门是既有各自的特点，又相互配合、相互照应的统一体。我国各法律部门的现行法律规范所组成的有机统一体，即为法律体系。

水是一种重要的自然资源和环境要素，是一切生命的源泉，是人类生产生活须臾不可缺少的。

1988 年 1 月 12 日，第六届全国人民代表大会常务委员会第二十四次会议审议通过的《中华人民共和国水法》（以下简称《水法》），是中华人民共和国第一部规范水事活动的法律，标志着我国水利事业走上法制化轨道。根据水利部拟定的《水法规体系总体规划》，水法规体系主要涉及水资源开发利用和保护、水土保持、防洪抗旱、工程建设管理和保护、经营管理、执法监督管理及其他 7 个方面。

### （三）水利工程建设管理法规体系

水利工程建设管理法规是由水利工程建设中所发生的各种社会关系（包括水利工程建设管理活动中的行政管理关系、经济协作及其相关的民事关系）和规范水利工程建设行为、监督管理水利工程建设活动的法律规范组成的有机统一整体，是水法规体系中七个子体系之一。

水利工程建设管理法规包括由不同级别的国家机关、地方政府、水行业管理部门制定的对水利工程建设具有一定的普遍约束力的文件组成。按照效力高低的不同，可分为法律、行政法规、规章和规范性文件；按照文件的作用不同，可分为综合性法规、建设管理体制法规、项目前期工作管理法规、建设项目监督管理法规、工程质量与安全管理法规、工程验收、资质资格管理法规和其他等。

## 三、综合性法律、法规简介

### （一）法律

**1.《中华人民共和国水法》**

1988 年 1 月通过的《水法》的实施，对规范水资源开发利用和保护、加强管理、防治水害、促进水利事业的发展，发挥了积极的作用。根据经济社会的发展和水资源需求发生的新变化，水利部在深入调查研究的基础上，总结了原《水法》实施 14 年来的实践经验，完成了《水法》修订草案，于 2002 年 8 月 29 日经全国人民代表大会常务委员会审议通过修订后的《水法》，自 2002 年 10 月 1 日起施行。

修订后的《水法》分八章（共 82 条）：第一章总则，第二章水资源规划，第三章水资源开发利用，第四章水资源、水域和水工程的保护，第五章水资源配置和节约使用，第六章水事纠纷处理与执法监督检查，第七章法律责任，第八章附则。现就《水法》中对水资源、水资源管理与保护、水工程及水利工程基础设施建设简介如下。

（1）水资源与水工程。

《水法》第二条规定：“本法所称水资源，包括地表水和地下水。”

《水法》第七十九条规定：“本法所称水工程，是指在江河、湖泊和地下水资源开发、利用、控制、调配和保护水资源的各类工程。”

（2）水资源管理。

《水法》第三条规定：“水资源属于国家所有。水资源的所有权由国务院代表国家行使。农村集体经济组织的水塘和由农村集体经济组织修建管理的水库中的水，归各该农村集体经济组织使用。”

《水法》第七条规定：“国家对水资源依法实行取水许可制度和有偿使用制度。但是，农村集体经济组织及其成员使用本集体经济组织的水塘、水库中的水除外。国务院水行政主管部门负责全国取水许可制度和水资源有偿使用制度的组织实施。”

《水法》第十二条规定：“国家对水资源实行流域管理与行政区域管理相结合的管理体制。国务院水行政主管部门负责全国水资源的统一管理和监督工作。国务院水行政主管部门在国家确定的重要江河、湖泊设立的流域管理机构（以下简称流域管理机构），在所管辖的范围内行使法律、行政法规规定的和国务院水行政主管部门授予的水资源管理和监督职责。县级以上地方人民政府水行政主管部门按照规定的权限，负责本行政区域内水资源的统一管理和监督工作。”

（3）水资源开发、利用。

《水法》第六条规定：“国家鼓励单位和个人依法开发、利用水资源，并保护其合法权益。开发、利用水资源的单位和个人有依法保护水资源的义务。”

《水法》第四条规定：“开发、利用、节约、保护水资源和防治水害，应当全面规划、统筹兼顾、标本兼治、综合利用、讲求效益，发挥水资源的多种功能，协调好生活、生产经营和生态环境用水。”

《水法》第十四条规定：“国家制定全国水资源战略规划。开发、利用、节约、保护水资源和防治水害，应当按照流域、区域统一制定规划。规划分为流域规划和区域规划。流域规划包括流域综合规划和流域专业规划；区域规划包括区域综合规划和区域专业规划。”

《水法》第二十条规定：“开发、利用水资源，应当坚持兴利与除害相结合，兼顾上下游、左右岸和有关地区之间的利益，充分发挥水资源的综合效益，并服从防洪的总体安排。”

《水法》第二十一条规定：“开发、利用水资源，应当首先满足城乡居民生活用水，并兼顾农业、工业、生态环境用水以及航运等需要。在干旱和半干旱地区开发、利用水资源，应当充分考虑生态环境用水需要。”

《水法》第二十二条规定：“跨流域调水，应当进行全面规划和科学论证，统筹兼顾调出和调入流域的用水需要，防止对生态环境造成破坏。”

《水法》第二十六条规定：“国家鼓励开发、利用水能资源。在水能丰富的河流，应当有计划地进行多目标梯级开发。建设水力发电站，应当保护生态环境，兼顾防洪、供水、灌溉、航运、竹木流放和渔业等方面的需要。”

《水法》第二十八条规定：“任何单位和个人引水、截（蓄）水、排水，不得损害公共利益和他人的合法权益。”

（4）水资源、水域和水工程保护。

《水法》第三十条规定：“县级以上人民政府水行政主管部门、流域管理机构以及其他有关部门在制定水资源开发、利用规划和调度水资源时，应当注意维持江河的合理流量和湖泊、水库以及地下水的合理水位，维护水体的自然净化能力。”

《水法》第三十一条规定：“从事水资源开发、利用、节约、保护和防治水害等水事活动，应当遵守经批准的规划；因违反规划造成江河和湖泊水域使用功能降低、地下水超采、地面沉降、水体污染的，应当承担治理责任。开采矿藏或者建设地下工程，因疏干排水导致地下水水位下降、水源枯竭或者地面塌陷，采矿单位或者建设单位应当采取补救措施；对他人生活和生产造成损失的，依法给予补偿。”

《水法》第三十三条规定：“国家建立饮用水水源保护区制度。省、自治区、直辖市人民政府应当划定饮用水水源保护区，并采取措施，防止水源枯竭和水体污染，保证城乡居民饮用水安全。”

《水法》第三十四条规定：“禁止在饮用水水源保护区内设置排污口。在江河、湖泊新建、改建或者扩大排污口，应当经过有管辖权的水行政主管部门或者流域管理机构同意，由环境保护行政主管部门负责对该建设项目的环境影响报告书进行审批。”

《水法》第三十五条规定：“从事工程建设，占用农业灌溉水源、灌排工程设施，或者对原有灌溉用水、供水水源有不利影响的，建设单位应当采取相应的补救措施；造成损失的，依法给予补偿。”

《水法》第三十七条规定：“禁止在江河、湖泊、水库、运河、渠道内弃置、堆放阻碍行洪的物体和种植阻碍行洪的林木及高秆作物。禁止在河道管理范围内建设妨碍行洪的建筑物、构筑物以及从事影响河势稳定、危害河岸堤防安全和其他妨碍河道行洪的活动。”

《水法》第三十九条规定：“国家实行河道采砂许可制度。河道采砂许可制度实施办法，由国务院规定。在河道管理范围内采砂，影响河势稳定或者危及堤防安全的，有关县级以上人民政府水行政主管部门应当划定禁采区和规定禁采期，并予以公告。”

《水法》第四十一条规定：“单位和个人有保护水工程的义务，不得侵占、毁坏堤防、护岸、防汛、水文监测、水文地质监测等工程设施。”

《水法》第四十三条规定：“国家对水工程实施保护。国家所有的水工程应当按照国务院的规定划定工程管理和保护范围。国务院水行政主管部门或者流域管理机构管理的水工程，由主管部门或者流域管理机构商有关省、自治区、直辖市人民政府划定工程管理和保护范围”。“在水工程保护范围内，禁止从事影响水工程运行和危害水工程安全的爆破、打井、采石、取土等活动。”

（5）水资源配置和节约使用。

《水法》第四十四条规定：“国务院发展计划主管部门和国务院水行政主管部门负责全国水资源的宏观调配。全国的和跨省、自治区、直辖市的水中长期供求规划，由国务院水行政主管部门会同有关部门制订，经国务院发展计划主管部门审查批准后执行。地方的水中长期供求规划，由县级以上地方人民政府水行政主管部门会同同级有关部门依据上一级水中长期供求规划和本地区的实际情况制订，经本级人民政府发展计划主管部门审查批准后执行。”

《水法》第二十三条规定：“地方各级人民政府应当结合本地区水资源的实际情况，按照地表水与地下水统一调度开发、开源与节流相结合、节流优先和污水处理再利用的原则，合理组织开发、综合利用水资源。国民经济和社会发展规划以及城市总体规划的编制、重大建设项目的布局，应当与当地水资源条件和防洪要求相适应，并进行科学论证；在水资源不足的地区，应当对城市规模和建设耗水量大的工业、农业和服务业项目加以限制。”

《水法》第四十七条规定：“国家对用水实行总量控制和定额管理相结合的制度。”

《水法》第五十条规定：“各级人民政府应当推行节水灌溉方式和节水技术，对农业蓄水、输水工程采取必要的防渗漏措施，提高农业用水效率。”

《水法》第五十三条规定：“新建、扩建、改建建设项目，应当制订节水措施方案，配套建设节水设施。节水设施应当与主体工程同时设计、同时施工、同时投产。”

《水法》第五十五条规定：“使用水工程供应的水，应当按照国家规定向供水单位缴纳水费。供水价格应当按照补偿成本、合理收益、优质优价、公平负担的原则确定。具体办法由省级以上人民政府价格主管部门会同同级水行政主管部门或者其他供水行政主管部门依据职权制定。”

（6）关于水利基础设施建设。

《水法》第五条规定：“县级以上人民政府应当加强水利基础设施建设，并将其纳入本级国民经济和社会发展计划。”

《水法》第十九条规定：“建设水工程，必须符合流域综合规划。在国家确定的重要江河、湖泊和跨省、自治区、直辖市的江河、湖泊上建设水工程，其工程可行性研究报告报请批准前，有关流域管理机构应当对水工程的建设是否符合流域综合规划进行审查并签署意见；在其他江河、湖泊上建设水工程，其工程可行性研究报告报请批准前，县级以上地方人民政府水行政主管部门应当按照管理权限对水工程的建设是否符合流域综合规划进行审查并签署意见。水工程建设涉及防洪的，依照防洪法的有关规定执行；涉及其他地区和行业的，建设单位应当事先征求有关地区和部门的意见。”

《水法》第二十五条规定：“农村集体经济组织或者其成员依法在本集体经济组

织所有的集体土地或者承包土地上投资兴建水工程设施的，按照谁投资建设谁管理和谁受益的原则，对水工程设施及其蓄水进行管理和合理使用。农村集体经济组织修建水库应当经县级以上地方人民政府水行政主管部门批准。”

《水法》第二十九条规定：“国家对水工程建设移民实行开发性移民的方针，按照前期补偿、补助与后期扶持相结合的原则，妥善安排移民的生产和生活，保护移民的合法权益。移民安置应当与工程建设同步进行。建设单位应当根据安置地区的环境容量和可持续发展的原则，因地制宜，编制移民安置规划，经依法批准后，由有关地方人民政府组织实施。所需移民经费列入工程建设投资计划。”

2.《**中华人民共和国防洪法**》

《中华人民共和国防洪法》（以下简称《防洪法》）于 1998 年 1 月 1 日经全国人民代表大会常务委员会通过并颁布实施。《防洪法》分八章（共 66 条）：第一章总则，第二章防洪规划，第三章治理与防护，第四章防洪区和防洪工程设施的管理，第五章防汛抗洪，第六章保障措施，第七章法律责任，第八章附则。

现就《防洪法》中与水利工程建设有关的要点规定简介如下。

（1）防洪工作原则。

《防洪法》第二条规定：“防洪工作实行全面规划、统筹兼顾、预防为主、综合治理、局部利益服从全局利益的原则。”

《防洪法》第三条规定：“防洪工程设施建设，应当纳入国民经济和社会发展计划。防洪费用按照政府投入同受益者合理承担相结合的原则筹集。”

《防洪法》第四条规定：“开发利用和保护水资源，应当服从防洪总体安排，实行兴利与除害相结合的原则。江河、湖泊治理以及防洪工程设施建设，应当符合流域综合规划，与流域水资源的综合开发相结合。”

《防洪法》第六条规定：“任何单位和个人都有保护防洪工程设施和依法参加防汛抗洪的义务。”

（2）防汛抗洪管理。

《防洪法》第五条规定：“防洪工作按照流域或者区域实行统一规划、分级实施和流域管理与行政区域管理相结合的制度。”

《防洪法》第七条规定：“各级人民政府应当加强对防洪工作的统一领导，组织有关部门、单位，动员社会力量，依靠科技进步，有计划地进行江河、湖泊治理，采取措施加强防洪工程设施建设，巩固、提高防洪能力。各级人民政府应当组织有关部门、单位，动员社会力量，做好防汛抗洪和洪涝灾害后的恢复与救济工作。各级人民政府应当对蓄滞洪区予以扶持；蓄滞洪后，应当依照国家规定予以补偿或者救助。”

《防洪法》第八条规定：“国务院水行政主管部门在国务院的领导下，负责全国防洪的组织、协调、监督、指导等日常工作。国务院水行政主管部门在国家确定的重要江河、湖泊设立的流域管理机构，在所管辖的范围内行使法律、行政法规规定和国务院水行政主管部门授权的防洪协调和监督管理职责。国务院建设行政主管部门和其他有关部门在国务院的领导下，按照各自的职责，负责有关的防洪工作。县级以上地方人民政府水行政主管部门在本级人民政府的领导下，负责本行政区域内防洪的组织、协调、监督、指导等日常工作。县级以上地方人民政府建设行政主管部门和其他有关部门在本级人民政府的领导下，按照各自的职责，负责有关的防洪工作。”

《防洪法》第二十一条规定：“河道、湖泊管理实行按水系统一管理和分级管理相结合的原则，加强防护，确保畅通。国家确定的重要江河、湖泊的主要河段，跨省、自治区、直辖市的重要河段、湖泊，省、自治区、直辖市之间的省界河道、湖泊以及国（边）界河道、湖泊，由流域管理机构和江河、湖泊所在地的省、自治区、直辖市人民政府水行政主管部门按照国务院水行政主管部门的划定依法实施管理。其他河道、湖泊，由县级以上地方人民政府水行政主管部门按照国务院水行政主管部门或者国务院水行政主管部门授权的机构的划定依法实施管理。有堤防的河道、湖泊，其管理范围为两岸堤防之间的水域、沙洲、滩地、行洪区和堤防及护堤地；无堤防的河道、湖泊，其管理范围为历史最高洪水位或者设计洪水位之间的水域、沙洲、滩地和行洪区。”

《防洪法》第三十八条规定：“防汛抗洪工作实行各级人民政府行政首长负责制，统一指挥、分级分部门负责。”

《防洪法》第四十二条规定：“对河道、湖泊范围内阻碍行洪的障碍物，按照谁设障、谁清除的原则，由防汛指挥机构责令限期清除；逾期不清除的，由防汛指挥机构组织强行清除，所需费用由设障者承担。在紧急防汛期，国家防汛指挥机构或者其授权的流域、省、自治区、直辖市防汛指挥机构有权对壅水、阻水严重的桥梁、引道、码头和其他跨河工程设施做出紧急处置。”

《防洪法》第四十四条规定：“在汛期，水库、闸坝和其他水工程设施的运用，必须服从有关的防汛指挥机构的调度指挥和监督。在汛期，水库不得擅自在汛期限制水位以上蓄水，其汛期限制水位以上的防洪库容的运用，必须服从防汛指挥机构的调度指挥和监督。在凌汛期，有防凌汛任务的江河的上游水库的下泄水量必须征得有关的防汛指挥机构的同意，并接受其监督。”

《防洪法》第四十五条规定：“在紧急防汛期，防汛指挥机构根据防汛抗洪的需要，有权在其管辖范围内调用物资、设备、交通运输工具和人力，决定采取取土占地、砍伐林木、清除阻水障碍物和其他必要的紧急措施；必要时，公安、交通等有关部门按照防汛指挥机构的决定，依法实施陆地和水面交通管制。”

（3）防洪与工程建设。

《防洪法》第九条规定：“防洪规划应当服从所在流域、区域的综合规划；区域防洪规划应当服从所在流域的流域防洪规划。防洪规划是江河、湖泊治理和防洪工程设施建设的基本依据。”

《防洪法》第十九条规定：“整治河道和修建控制引导河水流向、保护堤岸等工程，应当兼顾上下游、左右岸的关系，按照规划治导线实施，不得任意改变河水流向。”

《防洪法》第二十条规定：“整治河道、湖泊，涉及航道的，应当兼顾航运需要，并事先征求交通主管部门的意见”。“在竹木流放的河流和渔业水域整治河道的，应当兼顾竹木水运和渔业发展的需要，并事先征求林业、渔业行政主管部门的意见。”

《防洪法》第二十二条规定：“河道、湖泊管理范围内的土地和岸线的利用，应当符合行洪、输水的要求。禁止在河道、湖泊管理范围内建设妨碍行洪的建筑物、构筑物，倾倒垃圾、渣土，从事影响河势稳定、危害河岸堤防安全和其他妨碍河道行洪的活动。禁止在行洪河道内种植阻碍行洪的林木和高秆作物。”

《防洪法》第二十三条规定：“禁止围湖造地。已经围垦的，应当按照国家规定的防洪标准进行治理，有计划地退地还湖。禁止围垦河道。确需围垦的，应当进行科学论证，经水行政主管部门确认不妨碍行洪、输水后，报省级以上人民政府批准。”

《防洪法》第二十七条规定：“建设跨河、穿河、穿堤、临河的桥梁、码头、道路、渡口、管道、缆线、取水、排水等工程设施，应当符合防洪标准、岸线规划、航运要求和其他技术要求，不得危害堤防安全，影响河势稳定、妨碍行洪畅通；其可行性研究报告按照国家规定的基本建设程序报请批准前，其中的工程建设方案应当经有关水行政主管部门根据前述防洪要求审查同意”。“工程设施需要占用河道、湖泊管理范围内土地，跨越河道、湖泊空间或者穿越河床的，建设单位应当经有关水行政主管部门对该工程设施建设的位置和界限审查批准后，方可依法办理开工手续；安排施工时，应当按照水行政主管部门审查批准的位置和界限进行。”

《防洪法》第二十八条规定：“对于河道、湖泊管理范围内依照本法规定建设的工程设施，水行政主管部门有权依法检查；水行政主管部门检查时，被检查者应当如实提供有关的情况和资料。……工程设施竣工验收时，应当有水行政主管部门参加。”

3.《**中华人民共和国环境保护法**》

《中华人民共和国环境保护法》（以下简称《环境保护法》）于 1989 年 12 月 26 日经第七届全国人民代表大会常务委员第十一次会议通过并颁布实施。《环境保护法》分六章（共 47 条）：第一章总则，第二章环境监督管理，第三章保护和改善环境，第四章防治环境污染和其他公害，第五章法律责任，第六章附则。

现就《环境保护法》中与水利工程建设有关的要点规定简介如下。

（1）环境与环境保护监督管理。

《环境保护法》第二条规定：“本法所称环境，是指影响人类生存和发展的各种天然的和经过人工改造的自然因素的总体，包括大气、水、海洋、土地、矿藏、森林、草原、野生生物、自然遗迹、人文遗迹、自然保护区、风景名胜区、城市和乡村等。”

《环境保护法》第四条规定：“国家制定的环境保护规划必须纳入国民经济和社会发展计划，国家采取有利于环境保护的经济、技术政策和措施，使环境保护工作同经济建设和社会发展相协调。”

《环境保护法》第六条规定：“一切单位和个人都有保护环境的义务，并有权对污染和破坏环境的单位和个人进行检举和控告。”

《环境保护法》第七条规定：“国务院环境保护行政主管部门，对全国环境保护工作实施统一监督管理。县级以上地方人民政府环境保护行政主管部门，对本辖区的环境保护工作实施统一监督管理”。“县级以上人民政府的土地、矿产、林业、农业、水利行政主管部门，依照有关法律的规定对资源的保护实施监督管理。”

（2）水利工程建设与环境保护。

《环境保护法》第十三条规定：“建设污染环境的项目，必须遵守国家有关建设项目环境保护管理的规定。建设项目的环境影响报告书，必须对建设项目产生的污染和对环境的影响做出评价，规定防治措施，经项目主管部门预审并依照规定的程序报环境保护行政主管部门批准。环境影响报告书经批准后，计划部门方可批准建设项目设计任务书。”

《环境保护法》第十四条规定：“县级以上人民政府环境保护行政主管部门或者其他依照法律规定行使环境监督管理权的部门，有权对管辖范围内的排污单位进行现场检查。被检查的单位应当如实反映情况，提供必要的资料。检察机关应当为被检查的单位保守技术秘密和业务秘密。”

《环境保护法》第十五条规定：“跨行政区的环境污染和环境破坏的防治工作，由有关地方人民政府协商解决，或者由上级人民政府协调解决，做出决定。”

《环境保护法》第十八条规定：“在国务院、国务院有关主管部门和省、自治区、直辖市人民政府划定的风景名胜区、自然保护区和其他需要特别保护的区域内，不得建设污染环境的工业生产设施；建设其他设施，其污染物排放不得超过规定的排放标准。已经建成的设施，其污染物排放超过规定的排放标准的，限期治理。”

《环境保护法》第十九条规定：“开发利用自然资源，必须采取措施保护生态环境。”

《环境保护法》第二十六条规定：“建设项目中防治污染的设施，必须与主体工程同时设计、同时施工、同时投产使用。防治污染的设施必须经原审批环境影响报告书的环境保护行政主管部门验收合格后，该建设项目方可投入生产或者使用。防治污染的设施不得擅自拆除或者闲置，确有必要拆除或者闲置的，必须征得所在地的环境保护行政主管部门同意。”

4.**《中华人民共和国水土保持法》**

《中华人民共和国水土保持法》（以下简称《水土保持法》）于1991年6月29日经第七届全国人民代表大会常务委员会第二十次会议通过并颁布实施。《水土保持法》分六章（共42条）：第一章总则，第二章预防，第三章治理，第四章监督，第五章法律责任，第六章附则。

现就《水土保持法》中与水利工程建设有关的要点规定简介如下。

（1）水土保持工作原则。

《水土保持法》第二条规定：“本法所称水土保持，是指对自然因素和人为活动造成水土流失所采取的预防和治理措施。”

《水土保持法》第四条规定：“国家对水土保持工作实行预防为主，全面规划，综合防治，因地制宜，加强管理，注重效益的方针。”

（2）水土保持管理。

《水土保持法》第六条规定：“国务院水行政主管部门主管全国的水土保持工作。县级以上地方人民政府水行政主管部门，主管本辖区的水土保持工作。”

《水土保持法》第七条规定：“国务院和县级以上地方人民政府的水行政主管部门，应当在调查评价水土资源的基础上，会同有关部门编制水土保持规划。水土保持规划须经同级人民政府批准。县级以上地方人民政府批准的水土保持规划，须报上一级人民政府水行政主管部门备案。水土保持规划的修改，须经原批准机关批准。县级以上人民政府应当将水土保持规划确定的任务，纳入国民经济和社会发展计划，安排专项资金，并组织实施。县级以上人民政府应当依据水土流失的具体情况，划定水土流失重点防治区，进行重点防治。”

（3）水利工程建设与水土保持。

《水土保持法》第十八条规定：“修建铁路、公路和水利工程，应当尽量减少破坏植被；废弃的砂、石、土必须运至规定的专门存放地堆放，不得向江河、湖泊、水库和专门存放地以外的沟渠倾倒；在铁路、公路两侧地界以内的山坡地，必须修建护坡或者采取其他土地整治措施；工程竣工后，取土场、开挖面和废弃的砂、石、土存放地的裸露土地，必须植树种草，防止水土流失。开办矿山企业、电力企业和其他大中型工业企业，排弃的剥离表土、矸石、尾矿、废渣等必须堆放在规定的专门存放地，不得向江河、湖泊、水库和专门存放地以外的沟渠倾倒；因采矿和建设使植被受到破坏的，必须采取措施恢复表土层和植被，防止水土流失。”

《水土保持法》第十九条规定："在山区、丘陵区、风沙区修建铁路、公路、水工程，开办矿山企业、电力企业和其他大中型工业企业，在建设项目环境影响报告书中，必须有水行政主管部门同意的水土保持方案。水土保持方案应当按照本法第十八条的规定制定"。"建设项目中的水土保持设施，必须与主体工程同时设计、同时施工、同时投产使用。建设工程竣工验收时，应当同时验收水土保持设施，并有水行政主管部门参加。"

《水土保持法》第二十条规定："各级地方人民政府应当采取措施，加强对采矿、取土、挖砂、采石等生产活动的管理，防止水土流失。在崩塌滑坡危险区和泥石流易发区禁止取土、挖砂、采石。崩塌滑坡危险区和泥石流易发区的范围，由县级以上地方人民政府划定并公告。"

《水土保持法》第二十七条规定："企业事业单位在建设和生产过程中必须采取水土保持措施，对造成的水土流失负责治理。本单位无力治理的，由水行政主管部门治理，治理费用由造成水土流失的企业事业单位负担。建设过程中发生的水土流失防治费用，从基本建设投资中列支；生产过程中发生的水土流失防治费用，从生产费用中列支。"

《水土保持法》第二十八条规定："在水土流失地区建设的水土保持设施和种植的林草，由县级以上人民政府组织有关部门检查验收。对水土保持设施、试验场地、种植的林草和其他治理成果，应当加强管理和保护。"

**5.《中华人民共和国水污染防治法》**

《中华人民共和国水污染防治法》（以下简称《水污染防治法》）于1984年5月11日经第六届全国人民代表大会常务委员会第五次会议通过并颁布实施，1996年5月15日第八届全国人民代表大会常务委员会第十九次会议通过《关于修改〈中华人民共和国水污染防治法〉的决定》修正。修正后的《水污染防治法》分七章（共62条）：第一章总则，第二章水环境质量标准和污染物排放标准的制定，第三章水污染防治的监督管理，第四章防止地表水污染，第五章防止地下水污染，第六章法律责任，第七章附则。

现就《水污染防治法》中与水利工程建设有关的要点规定简介如下。

（1）水污染防治及其管理。

《水污染防治法》第二条规定："本法适用于中华人民共和国领域内的江河、湖泊、运河、渠道、水库等地表水体以及地下水体的污染防治。海洋污染防治另由法律规定，不适用本法。"

《水污染防治法》第三条规定："国务院有关部门和地方各级人民政府，必须将水环境保护工作纳入计划，采取防治水污染的对策和措施。"

《水污染防治法》第四条规定："各级人民政府的环境保护部门是对水污染防治实施统一监督管理的机关。各级交通部门的航政机关是对船舶污染实施监督管理的机关。各级人民政府的水利管理部门、卫生行政部门、地质矿产部门、市政管理部门、重要江河的水源保护机构，结合各自的职责，协同环境保护部门对水污染防治实施监督管理。"

（2）水利工程项目建设与水污染防治。

《水污染防治法》第十三条规定："新建、扩建、改建直接或者间接向水体排放污染物的建设项目和其他水上设施，必须遵守国家有关建设项目环境保护管理的规定。建设项目的环境影响报告书，必须对建设项目可能产生的水污染和对生态环境的影响做出评价，规定防治的措施，按照规定的程序报经有关环境保护部门审查批准。在运河、渠道、水库等水利工程内设置排污口，应当经过有关水利工程管理部门同意。建设项目中防治水污染的设施，必须与主体工程同时设计，同时施工，同时投产使用。防治水污染的设施必须经过环境保护部门检验，达不到规定要求的，该建设项目不准投入生产或者使用。环境影响报告书中，应当有该建设项目所在地单位和居民的意见。"

《水污染防治法》第十四条规定："直接或者间接向水体排放污染物的企业事业单位，应当按照国务院环境保护部门的规定，向所在地的环境保护部门申报登记拥有的污染物排放设施、处理设施和在正常作业条件下排放污染物的种类、数量和浓度，并提供防治水污染方面的有关技术资料。前款规定的排污单位排放水污染物的种类、数量和浓度有重大改变的，应当及时申报；其水污染物处理设施必须保持正常使用，拆除或者闲置水污染物处理设施的，必须事先报经所在地的县级以上地方人民政府环境保护部门批准。"

**6.《中华人民共和国合同法》**

《中华人民共和国合同法》（以下简称《合同法》）于1999年3月15日经第九届全国人民代表大会常务委员会第二次会议通过并颁布实施。《合同法》包括总则、分则、附则三部分。总则分八章（共129条）：第一章一般规定，第二章合同的订立，第三章合同的效力，第四章合同的履行，第五章合同的变更和转让，第六章合同的权利义务终止，第七章违约责任，第八章其他规定。分则分十五章（共298条），分别介绍了15种合同的法律规定。附则规定《合同法》自1999年10月1日起施行，《中华人民共和国经济合同法》、《中华人民共和国涉外经济合同法》、《中华人民共和国技术合同法》同时废止。有关合同法的具体内容见本系列教材《水利工程建设项目合同管理》。

## （二）行政法规、规章、规范性文件

1.《水利产业政策》

水是基础性的自然资源和战略性的经济资源。水资源的可持续利用是经济和社会可持续发展极为重要的保证。进入20世纪90年代以来，随着我国经济的快速发展，水问题已成为影响国民经济可持续发展的制约因素，主要表现在：①洪涝灾害频发，损失严重；②水资源供需矛盾愈加突出，有些地区的水资源短缺甚至严重影响到人畜饮水安全；③水污染问题愈演愈烈；④不少河流断流、枯竭，湖泊、湿地面积锐减，生态环境恶化。1991年第七届全国人民代表大会第四次会议通过的《关于国民经济和社会发展十年规划和第八个五年计划纲要的报告》中提出：要把水利作为国民经济的基础产业，放在重要的战略地位。据此，原国家计委会同水利部等有关部门开展了《水利产业政策》的研究制定工作。在反复研究、调查、专家论证和多次部际协调、修改的基础上，于1996年10月向国务院报送了《水利产业政策（送审稿）》，经国务院同意，于1997年10月28日印发了《水利产业政策》。

《水利产业政策》分五章（共35条）：第一章总则，第二章项目分类和资金筹集，第三章价格、收费和管理，第四章水、水资源保护和水利技术，第五章实施。

《水利产业政策》明确了水利在国民经济中的基础设施和基础产业地位。要求各级人民政府把加强水利建设提到重要的地位，制定明确的目标，采取有力的措施，落实领导负责制。各级水行政主管部门要会同有关部门和地区，在2000年以前编制好流域综合规划和区域综合规划，依法报批后作为制定水利建设规划及有关专项规划的依据，并做好规划实施的检查、监督工作。严禁任何违反规划的建设行为。

明确了《水利产业政策》实施期内的水利建设的重点是：江河湖泊的防洪控制性治理工程，城市防洪，蓄滞洪区安全建设，海堤防维护和建设，现有水利设施的更新改造，特别是病险水库和堤防的除险加固，干旱地区的人畜饮水，跨地区引水和水资源短缺地区的水源工程，供水、节水和水资源保护，农田灌排，水土保持，水资源综合利用，水力发电，水利技术的研究开发项目。

制定了水利建设实行全面规划、合理开发、综合利用、保护生态的方针和坚持除害与兴利相结合、治标与治本相结合、新建与改造相结合、开源与节流相结合的原则。

现就《水利产业政策》中与水利工程建设有关的要点规定简介如下：

（1）项目类别。

1）根据水利建设项目的功能和作用，《水利产业政策》将水利建设项目划分为两类：甲类为防洪除涝、农田灌排骨干工程、城市防洪、水土保持、水资源保护等以社会效益为主、公益性较强的项目；乙类为供水、水力发电、水库养殖、水上旅游及水利综合经营等以经济效益为主、兼有一定社会效益的项目。（甲、乙类项目的确定，由项目审批单位在项目建议书批复中明确。）

2）根据作用和受益范围，水利建设项目划分为中央项目和地方项目两类。中央项目是指跨省（自治区、直辖市）的大江大河的骨干治理工程项目和跨省（自治区、直辖市）、跨流域的引水及水资源综合利用等对国民经济全局有重大影响的项目。地方项目是指局部受益的防洪除涝、城市防洪、灌溉排水、河道整治、供水、水土保持、水资源保护、中小型水电建设等项目。

（2）项目资金筹措。

1）甲类项目的建设资金主要从中央和地方预算内资金、水利建设基金及其他可用于水利建设的财政性资金中安排。要明确具体的政府机构或社会公益机构作为甲类项目的责任主体，对项目建设的全过程负责并承担风险。

2）乙类项目的建设资金主要通过非财政性的资金渠道筹集。乙类项目必须实行项目法人责任制和资本金制度，资本金率按国家有关规定执行。

3）中央项目的投资由中央和受益省（自治区、直辖市）按受益程度、受益范围、经济实力共同分担；重点水土流失区的治理主要由地方负责，中央适当给予补助；地方和部门受益的其他各类水利工程，按照“谁受益，谁负担”的原则，由受益的地方和部门按受益程度共同投资建设；中央通过多种渠道对少数民族地区和贫困地区的重要水利建设项目给予适当补助。

4）地方项目中的防洪除涝、城市防洪等甲类项目所需投资，由所在地人民政府从地方预算内资金、农业综合开发资金、以工补农资金、水利专项资金等地方资金和贴息贷款中安排，同时要重视利用农业生产经营组织和农业劳动者的资金和劳务投入。

5）重要江河的洪水灾害频发区的防洪除涝与治理工程，所在地的地（市）级人民政府可按项目筹集资金。筹资方案须经省级人民政府审批，并报国务院计划和财政主管部门备案。向农民筹集资金必须严格遵守有关法律和国务院的有关规定。筹集资金所使用的票据必须统一由省级以上财政主管部门印制。审计、监察部门要对资金使用情况进行严格监督。

6）加快水利设施更新改造的步伐。各级人民政府要将水利设施更新改造列入计划，并安排相应的资金；水利工程折旧费只能用于水利设施的更新改造，不得挪作他用。

（3）价格、收费和管理。

1）国家实行水资源有偿使用制度，对直接从地下或江河、湖泊取水的单位依法征收水资源费。收取的水资源费要作为专项资金，纳入预算管理，专款专用。

2）国家实行取水许可制度，国务院水行政主管部门负责全国取水许可制度的组织实施和监督管理。具体按国务院颁布的《取水许可制度实施办法》（国务院令第119号）的规定执行。

3）有关法律、法规和国家有关政策规定的河道工程修建维护管理费、水土流失防治费、河道采砂管理费、占用农业灌溉水源和灌排工程设施补偿费等行政事业性收费，由各级水行政主管部门在两年内做到足额征收；流域机构直接管理的水利工程收费办法，由国务院财政、计划部门会同水行政主管部门制定。以上各项收费，必须用于水利设施的维护、修建及运营管理。

4）合理确定供水、水电及其他水利产品与服务的价格，促进水利产业化。新建水利工程的供水价格，要按照满足运行成本和费用、缴纳税金、归还贷款和获得合理利润的原则制定。原有水利工程的供水价格，要根据国家的水价政策和成本补偿、合理收益的原则，区别不同用途，在三年内逐步调整到位，以后再根据供水成本变化情况适时调整。县级以上人民政府物价主管部门会同水行政主管部门制定和调整水价。（第二十条）

**2. 国务院批转《关于加强公益性水利工程建设管理的若干意见》**

2000 年 5 月 20 日，国家计委、财政部、水利部、建设部向国务院报送了《关于加强公益性水利工程建设管理的若干意见》（以下简称《若干意见》）。2000 年 7 月 1 日，国务院以国发〔2000〕20 号发出通知，批准转发了《若干意见》，要求各省、自治区、直辖市人民政府，国务院各部委、各直属机构认真贯彻执行。

《若干意见》共分七个部分，即建立、健全水利工程建设项目法人责任制，加强水利工程项目的前期工作，加强水利工程建设的施工组织，严格水利工程项目验收制度，加强水利工程建设项目的计划与资金管理，加强对水利工程建设的检查监督，其他。

（1）建立、健全水利工程建设项目法人责任制。

1）中央项目由水利部（或流域机构）负责组建项目法人（即项目责任主体，下同），任命法人代表。地方项目由项目所在地的县级以上地方人民政府组建项目法人，任命法人代表，其中总投资在 2 亿元以上的地方大型水利工程项目，由项目所在地的省（自治区、直辖市及计划单列市，下同）人民政府负责或委托组建项目法人，任命法人代表。

2）项目法人对项目建设的全过程负责，对项目的工程质量、工程进度和资金管理负总责。其主要职责为：负责组建项目法人在现场的建设管理机构；负责落实工程建设计划和资金；负责对工程质量、进度、资金等进行管理、检查和监督；负责协调项目的外部关系。

（2）加强水利工程项目的前期工作。

1）大江大河的综合治理规划及重大专项规划，由水利部负责组织编制，在充分听取有关部门、地方和专家意见的基础上，报国务院审批。尚未经过审批和需要进行修订的规划，要抓紧做好修订和报审工作。

2）水利工程项目应符合流域规划要求，工程建设必须履行基本建设程序。水利工程项目的项目建议书、可行性研究报告、初步设计、开工报告或施工许可（按照国务院规定的权限和程序批准开工报告的建筑工程，不再领取施工许可证）等前期工作文件的审批，按照现行的基本建设程序办理。

3）水利工程勘察设计单位承担水利工程的勘察设计工程，必须具备相应的水利水电勘察设计资质，严禁无证或越级承担勘察设计任务。各级建设行政主管部门在审批勘察设计单位的水利水电勘察设计资质前，须征得水利行政主管部门的同意。

4）地质、水文、气象、社会经济等水利工程设计的基础资料，凡不涉密的，要向社会公开，实行资料共享。

5）水利工程项目的安排必须符合流域规划所确定的轻重缓急建设要求，既要考虑需要，也要充分研究投资方向、投资可能、前期工作深度等多种因素，严格按照基本建设程序审批。水利部门、受委托的咨询机构要对有关技术、经济问题严格把关，提出明确意见。不具备条件的项目不予审批。

6）前期工作费用按照类别分别由中央和地方承担，其中用于规划和跨流域、跨地区、跨行业的基础性工作的，在中央和地方基本建设财政性投资中列支，严格按照基本建设程序进行管理；用于建设项目的，按规定纳入工程概算。中央和地方在安排建设的前期工作费用时，要合理安排勘察设计工作资金。

7）年度计划中安排的水利工程项目，必须符合经过批准的可行性研究报告所确定的建设方案。工程施工必须具备施工设计图纸，完备各项校核、审核手续。

（3）加强水利工程建设的施工组织。

1）水利工程建设必须按照有关规定认真执行项目法人责任制、招标投标制、工程监理制、合同管理制等管理制度。未按规定执行上述制度的，计划部门不安排计划，财政部门停止拨付资金。

2）各级水利部门对水利工程质量和建设资金负行业管理责任。

3）承建水利工程的施工企业必须具备相应的水利水电工程施工资质，并由项目法人按照《中华人民共和国招标投标法》的规定通过招标择优选定，严禁无证或越级建水利工程。各级建设行政主管部门在审批施工企业的水利水电施工资质前，须征得水利行政主管部门的同意。工程施工不得分标过细或化整为零，严禁违法分包及层层转包。需组织群众进行土料运输、平整土地等单纯的工序和以群众投工投劳为主的堤防工程，必须采取相应的保证质量的措施，具体措施由水利部负责制定。

4）承担水利工程监理的监理单位必须具备与所监理工程相应的资质等级，并由项目法人按照《中华人民共和国招标投标法》、《水利工程建设项目招标投标管理规定》（水利部令第 14 号）和《水利工程建设项目监理招标投标管理办法》（水利部水建〔2002〕587 号）的规定通过招标择优选定。

5）为加强堤防和疏浚工程的建设管理，进一步规范招标投标工作和合同管理，切实保障发包承包双方的合法权益，水利部颁发了《堤防和疏浚工程施工合同范本》（水利部水建管〔1999〕765号），并严格按要求组织实施。

（4）严格水利工程项目验收制度。

1）水利工程建设必须执行国家水利工程验收规程和规范。水利工程验收包括分部工程验收、阶段验收、单位工程验收和竣工验收。堤防工程的分部工程验收由监理单位主持；阶段验收、单位工程验收由项目法人主持。竣工验收，一级堤防由水利部（或委托流域机构）主持；二级堤防由流域机构主持；三级及三级以下堤防由地方水利部门主持。工程验收必须有专家参加，充分听取专家的意见。

2）水利工程竣工验收前，质量监督单位要按水利工程质量评定规定提出质量监督意见报告，项目法人要按照财政部关于基本建设财务管理的规定提出工程竣工财务决算报告。在以上工作基础上，验收委员会鉴定工程质量等级，对工程进行验收。

3）要充分考虑堤防工程应急度汛的特点，当工程具备验收条件时，要及时组织验收。

验收中发现不符合施工质量要求的，由项目法人责成施工单位限期返工处理，直至达到质量要求；对未经验收及验收不合格就交付使用或进行后续工程施工的，要追究项目法人的责任。未经验收而参与度汛的工程，由项目法人负责组织研究制订度汛方案，保证安全度汛。

（5）加强水利工程建设项目的计划与资金管理。

1）水利工程建设项目法人必须按照国家批准的建设方案和投资规模编制年度计划，严格控制工程概算。

2）中央项目的年度计划由水利部报国家计委，地方项目的年度计划由省计划和水利部门进行初审，其中一、二级堤防和列入国家计划的大中型项目的年度计划，须报送流域机构审核，由省计划和水利部门联合报送国家计委、水利部，同时抄送流域机构备案。

3）地方要求审批项目或在年度计划中要求中央安排投资的，要在申请报告中说明地方资金的具体来源，并出具出资证明。凡不通过规定渠道报送的项目，一律不予受理。地方资金不落实的项目，不予审批，不得安排中央资金。地方已承诺安排资金，但实际执行中到位不足的，中央计划、财政、水利等部门要督促地方补足，必要时可采取停止审批其他项目、调整计划、停止拨付中央资金等措施，督促地方将建设资金落实到位。

4）完善协商和制约机制，减少计划下达和资金拨付的层次和环节。中央项目的计划和基本建设支出预算分别由国家计委和财政部下达到水利部，地方项目的计划由国家计委和水利部联合下达到省计划和水利部门。地方项目的基本建设支出预算，由财政部下达到省财政部门。国家计划和基本建设支出预算下达后，省计划、财政和水利部门应及时办理相应的手续，凡可将计划和基本建设支出预算直接下达到项目法人的，要直接下达到项目法人。项目法人应根据国家下达的投资计划和基本建设支出预算，合理安排各项建设任务。

5）各级计划、水利部门要根据规定，按项目的轻重缓急安排计划，对特别急需的项目尤其是起关键作用的工程（如重要干堤的重点险段、重点病险水库的度汛应急工程等）应优先安排。

6）水利基本建设资金管理要严格执行国家水利基本建设资金管理办法的规定，开设专户，专户存储，专款专用，严禁挤占、挪用和滞留。水利基本建设资金必须按规定用于经过批准的水利工程，任何单位和个人不得以任何名义改变基本建设支出预算，不得改变资金的使用性质和作用方向。

7）各级计划（稽查）、财政、水利等部门下达计划、预算、稽查情况的文件要同时抄送各有关部门，做到互相监督，互相配合，及时通气，堵塞漏洞。对查出问题的责任单位，有关部门要采取有效措施督促其整改，追究有关人员的责任并按规定严肃处理。

8）设计变更、子项目调整、建设标准调整、概算预算调整等，须按程序上报原审批单位审批。由以上原因形成中央投资节余的，应按国家有关规定报国家计委、财政部、水利部审批后，将结余资金用于其他经过批准的水利工程建设项目。

9）任何单位和个人，不得以任何借口和理由收取概算外的工程管理费。

（6）加强对水利工程建设的检查监督。

1）各级计划、财政、水利及建设部门要充实检查监督力量，对水利工程建设项目及移民建镇项目的工程质量、建设进度和资金管理使用情况经常进行稽查、检查和监督，发现问题及时提出整改意见，按管理权限查处，并应及时将有关情况向同级人民政府和上级主管部门报告。上级主管部门要定期和不定期对项目执行情况进行检查和稽查。

2）地方水利部门负责对地方投资的水利工程进行检查监督，定期将工程进度、工程质量、资金管理、工程监理和工程施工队伍等情况的检查和抽样检测结果，向上一级水利部门做出书面报告。水利部（或流域机构）负责对中央投资的水利工程进行检查监督，发现问题要及时查处，督促有关项目法人进行整改。

3）加强专家对项目前期工作和项目实施过程的监督。对重大项目和关键问题，要组织专家进行充分的论证。对专家提出的意见和建议要认真研究，对合理可行的意见要及时采纳。

4）欢迎新闻媒体、人民群众和社会各方面的监督。各有关部门要设立举报电话，完善举报制度。对群众用各种形式提出的意见和建议，要认真分析，及时处理。

**3. 水利工程建设管理规定**

1995 年 4 月 21 日，水利部建设与管理司颁发了《水利工程建设项目管理规定（试行）》（水利部水建〔1995〕128 号）。该规定共六章（24 条）：第一章总则，第二章管理体制及职责，第三章建设程序，第四章实行“三项制度”改革，第五章其他管理制度，第六章附则。其具体内容在其他相关章节中介绍。

**4. 水利工程建设程序管理**

在 1995 年 4 月 21 日颁布的《水利工程建设项目管理规定（试行）》中，明确了水利工程建设程序包括项目建议书、可行性研究报告、初步设计、施工准备（包括招标设计）、建设实施、生产准备、竣工验收、后评价等阶段。

在此基础上，1998 年 1 月 7 日，水利部建设与管理司颁发了《水利工程建设程序管理暂行规定》（水建〔1998〕16 号），对水利工程建设程序各阶段的工作内容与要求做了进一步的规定。

## 四、建设管理体制法律、法规、规章和规范性文件

在《水利工程建设项目管理规定（试行）》（水利部水建〔1995〕128 号）中，明确了水利工程建设要推行项目法人责任制、招标投标制和建设监理制的“三项制度”。实行“三项制度”有关的法规、规章、规范性文件主要有：

（1）《关于实行建设项目法人责任制的暂行规定》（国家计委计建设〔1996〕673 号）。

（2）《水利工程建设项目实行项目法人责任制的若干意见》（水利部水建〔1995〕129 号）。

（3）《关于加强公益性水利工程建设管理的若干意见》（国发〔2000〕20 号）。

（4）《水利工程建设项目管理规定（试行）》（水利部水建〔1995〕128 号）。

（5）《水利工程建设监理规定》（水利部令〔2006〕第 28 号）。

（6）《中华人民共和国招标投标法》（1999 年 8 月 30 日经第九届全国人民代表大会常务委员会第十一次会议通过，2000 年 1 月 1 日起施行）。

（7）《水利工程建设项目招标投标管理规定》（水利部令第 14 号）。

（8）《关于国务院有关部门实施招标投标活动行政监督的职责分工的意见》（国办发〔2000〕34 号）。

（9）《工程建设项目招标范围和规模标准规定》（国家发展计划委员会令第 3 号）。

（10）《招标公告发布暂行办法》（国家发展计划委员会令第 4 号）。

（11）《工程建设项目自行招标办法》（国家发展计划委员会令第 5 号）。

（12）《建设项目可行性研究报告增加招标内容以及核准招标事项暂行规定》（国家发展计划委员会令第 9 号）。

（13）《评标委员会和评标方法暂行规定》（国家发展计划委员会、国家经济贸易委员会、建设部、铁道部、交通部、信息产业部、水利部令〔2001〕12 号）。

（14）《工程建设项目施工招标投标办法》（国家发展计划委员会、建设部、铁道部、交通部、信息产业部、水利部、民用航空总局、国家广电总局令〔2003〕30 号）。

（15）《工程建设项目勘察设计招标投标办法》（国家发展计划委员会、建设部、铁道部、交通部、信息产业部、水利部、民用航空总局、国家广电总局令〔2003〕2 号）。

（16）《水利工程建设项目重要设备材料采购招标投标管理办法》（水利部水建管〔2002〕585 号）。

（17）《水利工程建设项目监理招标投标管理办法》（水利部水建管〔2002〕587 号）。

（18）《水利工程建设项目施工分包管理暂行规定》（水利部水建管〔1998〕481 号）。

# 第五章　我国水利工程管理的地位和作用

## 第一节　我国水利工程和水利工程管理的地位

水利工程是指在江河、湖泊和地下水源上开发、利用、控制、调配和保护水资源的各类工程。人类社会为了生存和可持续发展的需要，采取各种措施，适应、保护、调配和改变自然界的水和水域，以求在与自然和谐共处、维护生态环境的前提下，合理开发利用水资源，并为防治洪、涝、干旱、污染等各种灾害。为达到这些目的而修建的工程称为水利工程。在人类的文明史上，四大古代文明都发祥于著名的河流，如古埃及文明诞生于尼罗河畔，中华文明诞生于黄河、长江流域。因此丰富的水力资源不仅滋养了人类最初的农业，而且孕育了世界的文明。水利是农业的命脉，人类的农业史，也可以说是发展农田水利，克服旱涝灾害的战天斗地史。

人类社会自从进入 21 世纪后，社会生产规模日益扩大，对能源需求量越来越大，而现有的能源又是有限的。人类渴望获得更多的清洁能源，补充现在能源的不足，同时加上洪水灾害一直威胁着人类的生命财产安全，人类在积极治理洪水的同时又努力利用水能源。水利工程既满足了人类治理洪水的愿望，又满足了人类的能源需求。水利工程按服务对象或目的可分为：将水能转化为电能的水力发电工程；为防止、控制洪水灾害的防洪工程；防止水质污染和水土流失，维护生态平衡的环境水利工程和水土保持工程；防止旱、渍、涝灾害而服务于农业生产的农田水利工程，即排水工程、灌溉工程；为工业和生活用水服务，排除、处理污水和雨水的城镇供、排水工程；改善和创建航运条件的港口、航道工程；增进、保护渔业生产的渔业水利工程；

满足交通运输需要、工农业生产的海涂围垦工程等。一项水利工程同时为发电、防洪、航运、灌溉等多种目标服务的水利工程，称为综合水利工程。我国正处在社会主义现代化建设的重要时期，为满足社会生产的能源需求及保证人民生命财产安全的需要，我国已进入大规模的水利工程开发阶段。水利工程给人类带来了巨大的经济、政治、文化效益。它具备防洪、发电、航运功能，对促进相关区域的社会、经济发展具有战略意义。水利工程引起的移民搬迁，促进了各民族间的经济、文化交流，有利于社会稳定。水利工程是文化的载体，大型水利工程所形成的共同的行为规则，促进了工程文化的发展，人类在治水过程中形成的哲学思想指导着水利工程实践。长期以来繁重的水利工程任务也对我国科学的水利工程管理产生了巨大影响。

## 一、我国水利工程在国民经济和社会发展中的地位

我国是水利大国，水利工程是抵御洪涝灾害、保障水资源供给和改善水环境的基础建设工程，在国民经济中占有非常重要的地位。水利工程在防洪减灾、粮食安全、供水安全、生态建设等方面起到了很重要的保障作用，其公益性、基础性、战略性毋庸置疑。2011 年中央一号文件中提到“水利设施薄弱仍然是国家基础设施的明显短板”，并明确指出要“推动水利实现跨越式发展”。2011 年中央水利工作会议上，胡锦涛同志指出：“坚持政府主导，充分发挥公共财政对水利发展的保障作用，大幅度增加水利建设投资。”2014 年李克强总理在十二届全国人大二次会议上所作的政府工作报告中指出：“国家集中力量建设一批重大水利工程，今年拟安排中央预算内水利投资 700 多亿元，支持引水调水、骨干水源、江河湖泊治理、高效节水灌溉等重点项目。各地要加强中小型水利项目建设，解决好用水‘最后一公里’问题。”因而水利工程在促进经济发展，保持社会稳定，保障供水和粮食安全，提高人民生活水平，改善人居环境和生态环境等方面具有极其重要的作用。

我们国家向来重视水利工程的建设，治水历史源远流长，一部中华文明史也就是中国人民的治水史。古人云：治国先治水，有土才有邦。水利的发展直接影响到国家的发展，治水是个历史性难题。历史上著名的治水英雄有大禹、李冰、王景等。他们的治水思想都闪耀着中国古人的智慧光华，在治水方面取得了卓越的成绩。人类进入 21 世纪，科学技术日新月异，为了根治水患，各种水利工程也相继开建。特别是近十年来水利工程投资规模逐年加大，各地众多大型水利工程陆续上马，初步形成了防洪、排错、灌溉、供水、发电等工程体系。由此可见，水利工程是支持国民经济发展的基础，对国民经济发展的支撑能力主要表现为满足国民经济发展的资源性水需求，提供生产、生活用水，提供水资源相关的经济活动基础，如航运、养殖等，同时为国民经济发展提供环境性用水需求，发挥净化污水、容纳污染物、缓冲污染物对生态环境冲击等作用。如以商品和服务划分，则水利工程为国民经济发展提供了经济商品、生态服务和环境服务等。新中国成立以来，大规模水利工程建设取得了良好的社会效益和经济效益，

水利事业的发展为经济发展和人民安居乐业提供了基本保障。

长期以来，洪水灾害是世界上许多国家都发生的严重自然灾害之一，也是中华民族的心腹之患。由于中国水文条件复杂，水资源时空分布不均，与生产力布局不相匹配。独特的国情水情决定了中国社会发展对科学的水利工程管理的需求，这包括防治水旱灾害的任务需求，中国是世界上水旱灾害最为频发、威胁最大的国家，水旱灾害几千年来始终是中华民族生存和发展的心腹之患；新中国成立后，国家投入大量人力、物力和财力对七大流域和各主要江河进行大规模治理。由于人类活动的长期影响，气候变化异常，水旱灾害交替发生，并呈现愈演愈烈的趋势。长期干旱，土地沙漠化现象日益严重，从而更加剧了干旱的形势。而中国又拥有世界上最多的人口，支撑的人口经济规模特别大，是世界第二大经济体，中国过去三十年创造了世界最快经济增长纪录，面临的生态压力巨大，中国生态环境状况整体脆弱，庞大的人口规模和高速经济增长导致生态环境系统持续恶化。随着人口的增长和城市化的快速发展，干旱造成的用水缺口将会不断增大，干旱风险及损失亦将持续上升。而水利工程在防洪减灾方面，随着经济社会的快速发展，水利建设进程加快，以三峡工程、南水北调工程为标志，一大批关系国计民生和经济发展的重点水利工程相继开工建设。我国已初步形成了大江大河大湖的防洪排错工程体系，有效地控制了常遇洪水，抗御了大洪水和特大洪水，减轻了洪涝灾害损失，特别是确保黄河的岁岁安澜。总的来看，七大江河现有的防洪工程对占全国的1/3的人口，1/4的耕地，包括京、津、沪在内的许多重要城市，以及国家重要的铁路、公路干线都起到了安全保障作用。在支撑经济社会发展方面，大量蓄水、引水、提水工程有效提升了我国水资源的调控能力和城乡供水保障能力。1949年到2014年，全国总供水量显著增加。供水工程建设为国民经济发展、工农业生产、人民生活提供了必要的供水保障条件，发挥了重要的支撑作用。农村饮水安全人口、全国水电总装机容量、水电年发电量均有显著增加。因水利工程的建设以及科学的水利工程管理作用，全国水土流失综合治理面积也日益增加。

灌溉工程为农业发展特别是粮食稳产、高产创造了有利的前提条件，奠定了农业长期稳步发展的基础，巩固了农业在国民经济发展中的基础地位。在扶贫方面，大多数水利工程，特别是大型水利枢纽的建设地点多数选在高山峡谷、人烟稀少地区，水利枢纽的建设大大加速了地区经济和社会的发展进程，甚至会出现跨越式发展。另外，我国的小水电建设还解决了山区缺电问题，不仅促进了农村乡镇企业发展和产业结构调整，还加快了老少边穷地区农牧民脱贫致富。在保护生态环境方面，水利建设为改善环境做出了积极贡献，其中水土保持和小流域综合治理改善了生态环境，水力发电的发展减少了环境污染，为改善大气环境做出了贡献，农村小水电不仅解决了能源问题，还为实施封山育林、恢复植被等创造了条件，另外污水处理与回用、河湖保护与治理也有效地保护了生态环境。

水利工程之所以能够发挥如此重要的作用，与科学的水利工程管理密不可分。由此可见水利工程管理在我国国民经济和社会发展中占据十分重要的地位。

### 二、我国水利工程管理在工程管理中的地位

工程管理是指为实现预期目标，有效地利用资源，对工程所进行的决策、计划、组织、指挥、协调与控制，是对具有技术成分的活动进行计划、组织、资源分配以及指导和控制的科学和艺术。工程管理的对象和目标是工程，是指专业人员运用科学原理对自然资源进行改造的一系列过程，可为人类活动创造更多便利条件。工程建设需要应用物理、数学、生物等基础学科知识，并在生产生活实践中不断总结经验。水利工程管理作为工程管理理论和方法论体系中的重要组成部分，既有与一般专业工程管理相同的共性，又有与其他专业工程管理不同的特殊性，其工程的公益性（兼有经营性、安全性、生态性等特征），使水利工程管理在工程管理体系中占有独特的地位。水利工程管理又是生态管理、低碳管理和循环经济管理，是建设“两型”社会的必要手段，可以作为我国工程管理的重点和示范，对于我国转变经济发展方式、走可持续发展道路和建设创新型国家的影响深远。

水利工程管理是水利工程的生命线，贯穿于项目的始末，包含着对水利工程质量、安全、经济、适用、美观、实用等方面的科学、合理的管理，以充分发挥工程作用、提高使用效益。由于水利工程项目规模过大，施工条件比较艰难、涉及环节较多、服务范围较广、影响因素复杂、组成部分较多、功能系统较全，所以技术水平有待提高，在设计规划、地形勘测、现场管理、施工建筑阶段难免出现问题或纰漏。另外，由于水利设备长期处于水中作业受到外界压力、腐蚀、渗透、融冻等各方面影响，经过长时间的运作磨损速度较快，所以需要通过管理进行完善、修整、调试，以更好地进行工作，确保国家和人民生命与财产的安全，社会的进步与安定、经济的发展与繁荣，因此水利工程管理具有重要性和责任性。

## 第二节　我国水利工程管理对国民经济发展的推动作用

大规模水利工程建设可以取得良好的社会效益和经济效益，为经济发展和人民安居乐业提供基本保障，为国民经济健康发展提供有力支撑，水利工程是国民经济的基

础性产业。大型水利工程是具有综合功能的工程，它具有巨大的防洪、发电、航运功能和一定的旅游、水产、引水和排涝等效益。它的建设对我国的华中、华东、西南三大地区的经济发展，促进相关区域的经济社会发展，具有重要的战略意义，对我国经济发展可产生深远的影响。大型水利工程将促进沿途城镇的合理布局与调整，使沿江原有城市规模扩大，促进新城镇的建立和发展、农村人口向城镇转移，使城镇人口增加，加快城镇化建设的进程。同时，科学的水利工程管理也与农业发展密切相关。而农业是国民经济的基础，建立起稳固的农业基础，首先要着力改善农业生产条件，促进农业发展。水利是农业的命脉，重点建设农田水利工程，优先发展农田灌溉是必然的选择。正是新中国成立之后的大规模农田水利建设，为我国粮食产量超过万亿斤，实现“十连增”奠定了基础。农田水利还为国家粮食安全保障做出巨大贡献，巩固了农业在国民经济中的基础地位，从而保证国民经济能够长期持续地健康发展以及社会的稳定和进步。经济发展和人民生活的改善都离不开水，水利工程为城乡经济发展、人民生活改善提供了必要的保障条件。科学的水利工程管理又为水利工程的完备建设提供了保障。我国水利工程管理对国民经济发展的推动作用主要体现在如下两方面。

## 一、对转变经济发展方式和可持续发展的推动作用

可持续发展观是相对于传统发展观而提出的一种新的发展观。传统发展观以工业化程度来衡量经济社会的发展水平。自 18 世纪初工业革命开始以来，在长达 200 多年的受人称道的工业文明时代，借助科学技术革命的力量，大规模地开发自然资源，创造了巨大的物质财富和现代物质文明，同时也使全球生态环境和自然资源遭到了最严重的破坏。显然，工业文明相对于小生产的“农业文明”而言，是一个巨大飞跃。但它给人类社会与大自然带来了巨大的灾难和不可估量的负效应，带来生态环境严重破坏、自然资源日益枯竭、自然灾害泛滥、人与人的关系严重异化、人的本性丧失等。“人口爆炸、资源短缺、环境恶化、生态失衡”已成为困扰全人类的四大显性危机。面对传统发展观支配下的工业文明带来的巨大负效应和威胁，自 20 世纪 30 年代以来，世界各国的科学家们开始不断地发出警告，理论界苦苦求索，人类终于领悟了一种新的发展观——可持续发展观。

从水资源与社会、经济、环境的关系来看，水资源不仅是人类生存不可替代的一种宝贵资源，而且是经济发展不可缺少的一种物质基础，也是生态与环境维持正常状态的基础条件。因此，可持续发展，也就是要求社会、经济、资源、环境的协调发展。然而，随着人口的不断增长和社会经济的迅速发展，用水量也在不断增加，水资源的有限与社会经济发展、水与生态保护的矛盾愈来愈突出，例如出现的水资源短缺、水

质恶化等问题。如果再按目前的趋势发展下去，水问题将更加突出，甚至对人类的威胁是灾难性的。

水利工程是我国全面建成小康社会和基本实现现代化宏伟战略目标的命脉、基础和安全保障。在传统的水利工程模式下，单纯依靠兴修工程防御洪水、依靠增加供水满足国民经济发展对于水的需求，这种通过消耗资源换取增长、牺牲环境谋取发展的方式，是一种粗放、扩张、外延型的增长方式。这种增长方式在支撑国民经济快速发展的同时，也付出了资源枯竭、环境污染、生态破坏的沉重代价，因而是不可持续的。

面对新的形势和任务，科学的水利工程管理利于制定合理规范的水资源利用方式。科学的水利工程管理有利于我国经济发展方式从粗放、扩张、外延型转变为集约、内涵型。且我国水利工程管理有利于开源节流、全面推进节水型社会建设，调节不合理需求，提高用水效率和效益，进而保障水资源的可持续利用与国民经济的可持续发展。再者其以提高水资源产出效率为目标，降低万元工业增加值用水量，提高工业水重复利用率，发展循环经济，为现代产业提供支撑。

当前，水资源供需矛盾突出仍然是可持续发展的主要瓶颈。马克思和恩格斯把人类的需要分成生存、享受和发展三个层次，从水利发展的需求角度就对应着安全性、经济性和舒适性三个层次。从世界范围的近现代治水实践来看，在水利事业发展面临的“两对矛盾”之中，通常优先处理水利发展与经济社会发展需求之间的矛盾。水利发展大体上可以由防灾减灾、水资源利用、水系景观整治、水资源保护和水生态修复五方面内容组成。以上五个方面之中，前三个方面主要是处理水利发展与经济社会系统之间的关系。后两个方面主要是处理水利发展与生态环境系统之间的关系。各种水利发展事项属于不同类别的需求。防灾减灾、饮水安全、灌溉用水等，主要是“安全性需求”；生产供水、水电、水运等，主要是“经济性需求”；水系景观、水休闲娱乐、高品质用水，主要是“舒适性需求”；水环境保护和水生态修复，则安全性需求和舒适性需求兼而有之，这是由生态环境系统的基础性特征决定的，比如，水源地保护和供水水质达标主要属于“安全性需求”，而更高的饮水水质标准如纯净水和直饮水的需求，则属于“舒适性需求”。水利发展需求的各个层次，很大程度上决定了水利发展供给的内容。无论是防洪安全、供水安全、水环境安全，还是景观整治、生态修复，这些都具有很强的公益性，均应纳入公共服务的范畴。这决定了水利发展供给主要提供的是公共服务，水利发展的本质是不断提高水利的公共服务能力。根据需求差异，公共服务可分为基础公共服务和发展公共服务。基础公共服务主要是满足“安全性”的生存需求，为社会公众提供从事生产、生活、发展和娱乐等活动都需要的基础性服务，如提供防洪抗旱、除涝、灌溉等基础设施；发展公共服务是为满足社会发展需要所提供的各类服务，如城市供水、水力发电、城市景观建设等，更强调满足经济发展的需求及公众对舒适性的需求。一个社会存在各种各样的需求，水利发展需求也在其中。在经济社会发展的不同水平，水利发展需求在社会各种需求中的相对重要性在不断发生变化。随着经济的发展，水资源供需矛盾也日益突出。在水资源紧缺的同时，用水浪费严重，水资源利用效率较低。全国工业万元产值用水量 91 立方米，是发达国家的 10 倍以上，水的重复利用率仅为 40%，而发达国家已达 75%~85%；农业灌溉用水有效利用系数只有 0.4 左右，而发达国家为 0.7~0.8；我国城市生活用水浪费也很严重，仅供水管网跑冒滴漏损失就达 20% 以上，家庭用水浪费现象也十分普遍。当前，解决水资源供需矛盾，必然需要依靠水利工程，而科学的水利工程管理是可持续发展的推动力。

## 二、对农业生产和农民生活水平提高的促进作用

水利工程管理是促进农业生产发展、提高农业综合生产能力的基本条件。农业是第一产业，民以食为天，农村生产的发展首先是以粮食为中心的农业综合生产能力的发展，而农业综合生产能力提高的关键在于农业水利工程的建设和管理，在一些地区农业水利工程管理十分落后，重建设轻管理，已经成为农业发展的瓶颈了。另外，加强农业水利工程管理有利于提高农民生活水平与质量。社会主义新农村建设的一个十分重要的目标就是增加农民收入，提高农民生活水平，而加强农村水利工程等基础设施建设和管理成为基本条件。如可以通过农村饮水工程保障农民饮水安全，通过供水工程的有效管理，可以带动农村环境卫生和个人条件的改善，降低各种流行疾病的发病率。

水利工程在国民经济发展中具有极其重要的作用，科学的水利工程管理会带动很多相关产业的发展。如农业灌溉、养殖、航运、发电等。水利工程使人类生生不息，且促进了社会文明的前进。从一定程度上讲，水利工程推动了现代产业的发展，若缺失了水利工程，也许社会就会停滞不前，人类的文明也将受到挑战。而科学的水利工程管理可推动各产业的发展。

科学的水利工程管理可推动农业的发展。“有收无收在于水、收多收少在于肥”的农谚道出了水利工程对粮食和农业生产的重要性。我国农业用水方式粗放，耕地缺少基本灌溉条件，现有灌区普遍存在标准低、配套差、老化失修等问题，严重影响农业稳定发展和国家粮食安全。近年来水利建设在保障和改善民生方面取得了重大进展，一些与人民群众生产生活密切相关的水利问题尤其是农村水利发展的问题与农民的生活息息相关。而完备的水利工程建设离不开科学的水利工程管理。首先，科学的水利工程管理，有利于解决灌溉问题，消除旱情灾害。农业生产主要追求粮食产量，以种

植水稻、小麦、油菜为主，但是这些作物在没有水或者在水资源比较缺乏的情况下会极大地影响它们的产量，比如遇到大旱之年，农作物连命都保不住，哪还来的产量，可以说是颗粒无收，这样农民白白辛苦了一年的劳作将毁于一旦，收入更无从提起，农民本来就是以种庄稼为主，如今庄稼没了，这会给农民的经济带来巨大的损失，因此加强农田水利工程建设可以满足粮食作物的生长需要，解决了灌溉问题，消除了灾情的灾害，给农民也带来了可观的收益。其次，科学的水利工程管理有利于节约农田用水，减少农田灌溉用水损失。

在大涝之年农田通水不缺少的情况下，可以利用水利工程建设将多余的水积攒起来，以便日后需要时使用。另外，蔬菜、瓜果、苗木实施节水灌溉是促进农业结构调整的必要保障。加大农业节水力度、减少灌溉用水损失，有利于解决农业面的污染问题，有利于转变农业生产方式，有利于提高农业生产力。这就大大减少了水资源的浪费，达到了节约农田用水的目的。最后，科学的水利工程管理有利于减少农田的水土流失。大涝天气会引起农田水土流失，影响农村生态环境。当发生大涝灾害时，水土资源会受到极大的影响，肥沃的土地肥料会因洪涝的发生而减少，丰富的土质结构也会遭到破坏，农作物产量亦会随之减少。而科学的水利工程管理，促进渠道兴修，引水入海，利于减少农田水土流失。

## 三、对其他各产业发展的推动作用

水利工程建设和管理有效地带动和促进了其他产业如建材、冶金、机械、燃油等的发展，增加了就业的机会。据估算，万元水利投入可创造约 1.0~1.2 个 /( 人·年 ) 的就业机会，五年共创造 1650 万 ~2000 万就业岗位。由于受保护区抗洪能力明显提高，人民群众生产生活的安全感和积极性大大增强，工农业生产成本大幅度降低，直接提高经济效益和人均收入，为当地招商引资和扩大再生产提供重要支撑，促进了工农业生产加速发展。根据 2005 年水利部重大科技项目《水利与国民经济协调发展研究》的分析，单位水利基建投资形成的国民财富和 CDP 直接收益是 3.108 元（前向效应），而为水利建设提供原材料和劳务输入部门获得的收益是 0.497 元（后向效应），合计为 3.605 元。即每投入水利基建 1 元，即可产生 3.6 元的国民财富，对 GDP 的拉动为 1.9 元。水利的前向效应远大于后向效应，表明水利投资对国民经济贡献大，水利应作为国家投资的重点。前向效应的大小顺序是防洪、供水、水电、灌溉、水土保持。如 1999 年水利投入占用产出和水利基建投资对就业的总效应和净效应分析表明，水利建设对建筑业每亿元总产出直接劳动力数为 2590 人，间接就业效应则要更大，就业总效应为 12.12 万人亿元，远高于建材、冶金和机械等基础产业。

科学的水利工程管理可推动水产养殖业的发展。首先，科学的水利工程管理有利于改良农田水质。水产养殖受水质的影响很大，近年来，水污染带来的水环境恶化、水质破坏问题日益严重，水产养殖受此影响很大。而随着水产养殖业的发展，水源水质的标准要求也更加严格。当水源污染、水质破坏发生时，水产养殖业的发展就会受到影响。而科学的水利工程管理，有利于改良农田水质，促进水产养殖业的发展。其次，科学的水利工程管理有利于扩大鱼类及水生物生长环境，为渔业发展提供有利条件。如三峡工程建坝后，库区改变原来滩多急流型河道的生态环境，水面较天然河道增加近两倍，上游有机物质、营养盐将有部分滞留库区，库水湿度变肥、变清，有利于饵料生物和鱼类繁殖生长。冬季下游流量增大，鱼类越冬条件将有所改善。这些条件的改善，均利于推动水产养殖业的发展。

科学的水利工程管理可推动航运的发展。以三峡工程为例，据预测，川江下水运量到 2030 年将达到 5000 万 t。目前川江通过能力仅约 1000 万 t。主要原因是川江航道坡陡流急，在重庆至宜昌 660km 航道上，落差 120m，共有主要碍航滩险 139 处，单行控制段 46 处。三峡工程修建后，航运条件明显改善，万吨级船队可直达重庆，运输成本可降低 35%~37%。不修建三峡工程，虽可采取航道整治辅以出川铁路分流，满足 5000 万 t 出川运量的要求，但工程量很大，且无法改善川江坡陡流急的现状，万吨级船队不能直达重庆，运输成本也难以大幅度降低。而三峡水利工程的修建，推动了三峡附近区域的航运发展。而欲使三峡工程尽最大可能发挥其航运作用，需对其予以科学的管理。故而科学的水利工程管理可推动航运的发展。

科学的水利工程管理还可为旅游业发展起到推动作用。水利工程的建设推动了各地沿河各种水景区景点的开发建设，科学的水利工程管理有助于水利工程旅游业的发展。水利工程旅游业的发展既可以发掘各地沿河水资源的潜在效益，带动沿线地方经济的发展，促进经济结构、产业结构的调整，也可以促进水生态环境的改善，美化净化城市环境，提高人民生活质量，并提高居民收入。由于水利工程旅游业涉及交通运输、住宿餐饮、导游等众多行业，依托水利工程旅游，可提高地方整体经济水平，并增加就业机会，甚至吸引更多劳动人口，进而推动旅游服务业的发展，提高居民的收入水平和生活标准。

科学的水利工程管理也有助于优化电能利用。科学的水利工程管理可促进水电资源的利用。据不完全统计，我国水电资源的使用率已从 20 世纪 80 年代的不足 5% 攀升到 30% 以上。现在，水电工程已成为维持整个国家电力需求正常供应的重要来源。而科学的水利工程管理有助于对水利电能的合理开发与利用。

# 第三节　我国水利工程管理对社会发展的推动作用

随着工业化和城镇化的不断发展，科学的水利工程管理有利于增强防灾减灾能力，强化水资源节约保护工作，扭转听天由命的水资源利用局面，进而推动社会的发展。

## 一、对社会稳定的作用

水利工程管理有利于构建科学的防洪体系，而科学的防洪体系可减轻洪水的灾害，保障人民生命财产安全和社会稳定。全国主要江河初步形成了以堤防、河道整治、水库、蓄滞洪区等为主的工程防洪体系，在抗御历年发生的洪水中发挥了重要作用，有利于社会稳定。社会稳定首先涉及的是人与人、不同社会群体、不同社会组织之间的关系。这种关系的核心是利益关系，而利益关系与分配密切相关，利益分配是否合理，是社会稳定与否的关键。分配问题是个大问题。当前，中国的社会分配出现了很大的问题，分配不公和收入差距拉大已经成为不争的事实，是导致社会不稳定的基础性因素。而科学的水利工程管理，有利于水利工程的修建与维护，有利于提高水利工程沿岸居民的收入水平，有利于缩小贫富差距，改善分配不均的局面，进而有利于维护社会稳定。其次，科学的水利工程管理有助于构建社会稳定风险系统控制体系，从而将社会稳定风险降到最低，进而保障社会稳定。由于水利工程本来就是大型国家民生工程，其具有失事后果严重，损失大的特点，而水情又是难以控制的，一般水利工程都是根据百年一遇洪水设计，而无法排除是否会遇到更大设计流量的洪水。当更大流量洪水发生时，所造成的损失必然是巨大的，也必然会引发社会稳定问题，而科学的水利工程管理可将损失降到最小。同时水利工程的修建可能会造成大量移民，而这部分背井离乡的人是否能得到妥善安置也与社会稳定与否息息相关，此时必然依靠科学的水利工程管理。

大型水利工程的移民促进了汉族与少数民族之间的经济、文化交流。促进了内地和西部少数民族的平等、团结、互助、合作、共同繁荣的谁也离不开谁的新型民族关系的形成。工程是文化的载体。而水利工程文化是其共同体在工程活动中所表现或体现出来的各种文化形态的集结或集合。水利工程在工程活动中则会形成共同的风格、共同的语言、共同的办事方法及其存在着共同的行为规则。作为规则，水利工程活动则包含着决策程序、审美取向、验收标准、环境和谐目标、建造目标、施工程序、操作守则、生产条例、劳动纪律等，这些规则促进了水利工程文化的发展，哲学家将其上升为哲理指导人们水利工程活动。李冰在修建都江堰水利工程的同时也修建了中华民族治水文化的丰碑，是中华民族治水哲学的升华。都江堰水利工程是一部水利工程科学全书：它包含系统工程学、流体力学、生态学，体现了尊重自然、顺应自然规律并把握其规律的哲学理念。它留下的“治水”三字经、八字真言如：“深淘滩、低作堰”“遇弯截角、逢正抽心”，至今仍是水利工程活动的主导哲学思想，其哲学思想促进了民族同胞的交流，促进民族大团结。再者，水利工程能发挥综合的经济效益，给社会经济的发展提供强大的清洁能源支持，为养殖、旅游、灌溉、防洪等提供条件，从而提高相关区域居民的物质生活水平，促进社会稳定。概括起来，水利工程管理对社会稳定的作用主要可以概括为：

第一，水利工程管理为社会提供了安全保障。水利工程最初的一个作用就是可以进行防洪，减少水患。依据以往的资料记载，我国的洪水主要是发生在长江、黄河、松花江、珠江以及淮河等河流的中下游平原地区，水患的发生不仅仅影响到了社会经济的健康发展，同时对人民群众的安全也会造成一定的影响。通过在河流的上游进行水库的兴建，在河流的下游扩大排洪，使得这些河流的防洪能力得到了很好的提升。随着经济社会的快速发展，水利建设进程加快，以三峡工程、南水北调工程为标志，一大批关系国计民生的重点水利工程相继进入建设、使用和管理阶段。当前，我国已初步形成了大江大河大湖的防洪排错工程体系，有效地控制了常遇洪水，抗御了大洪水和特大洪水，减轻了洪涝灾害损失，特别是确保黄河的岁岁安澜。总的来看，七大江河现有的防洪工程对占全国 1/3 的人口，1/4 的耕地，包括京、津、沪在内的许多重要城市，以及国家重要的铁路、公路干线都起到了安全保障作用。

第二，水利工程管理有助于促进农业生产。水利工程对农业有着直接的影响，通过兴修水利，可以使得农田得到灌溉，农业生产的效率得到提升，促进农民丰产增收。灌溉工程为农业发展特别是粮食稳产、高产创造了有利的前提条件，奠定了农业长期稳步发展的基础，巩固了农业在国民经济发展中的基础地位。根据《大型灌区续建配套和节水改造“十二五”规划》，到 2015 年，我国可完成 190 处大型、800 处重点中型灌区的续建配套与节水改造任务，启动实施 1500 处一般中型灌区节水改造。同时，在水土资源条件好、粮食增产潜力大的地区，科学规划，新建一批灌区，作为国家粮食后备产区，确保“十二五”期间净增农田有效灌溉面积 4000 万亩。虽然我国人口众多，但是因为水利工程的兴建与管理使得土地灌溉的面积大大地增加，这使得全国人民的基本口粮得到了满足，为解决 13 亿人口的穿衣吃饭问题立下不可代替的功劳。

第三，水利工程管理有助于提高城乡人民生产生活水平。大量蓄水、引水、提水工程有效提升了我国水资源的调控能力和城乡供水保障能力。1949 年到 2012 年，全国总供水量从 1031 亿 $m^3$ 米增加到 6131.2 亿 $m^3$。水利工程管理向城乡提供清洁的水源，有效地推动了社会经济的健康发展，保障了人民群众的生活质量，也在一定程度上促进了经济和社会的健康发展。如兴凯湖饮水工程竣工之后，为黑龙江省鸡西市直接供水，解决了几百万人口和饮水问题，也为鸡西市的经济发展和创建旅游城市奠定了很好的基础。另外，在扶贫方面，大多数水利工程，特别是大型水利枢纽的建设地点多数选在高山峡谷、人烟稀少地区，水利枢纽的建设大大加速了地区经济和社会的发展进程，甚至会出现跨越式发展。我国的小水电建设还解决了山区缺电问题，不仅促进了农村乡镇企业发展和产业结构调整，还加快了老少边穷地区农牧民脱贫致富。

## 二、对和谐社会建设的推动作用

社会主义和谐社会是人类孜孜以求的一种美好社会，马克思主义政党不懈追求的一种社会理想。构建社会主义和谐社会，是我们党以马克思列宁主义、毛泽东思想、邓小平理论和“三个代表”重要思想为指导，全面贯彻落实科学发展观，从中国特色社会主义事业总体布局和全面建设小康社会全局出发提出的重大战略任务，反映了建设富强民主文明和谐的社会主义现代化国家的内在要求，体现了全党全国各族人民的共同愿望。人与自然的和谐关系是社会主义和谐社会的重要特征，人与水的关系是人与自然关系中最密切的关系。只有加强和谐社会建设，才能实现人水和谐，使人与自然和谐共处，促进水利工程建设可持续发展。水利工程发展与和谐社会建设具有十分密切的关系，水利工程发展是和谐社会建设的重要基础和有力支撑，有助于推动和谐社会建设。

水利工程活动与社会的发展紧密相连，和谐社会的构建离不开和谐的水利工程活动。树立当代水利工程观，增强其综合集成意识，有益于和谐社会的构建。从历史的视野来看，中西方文化对于人与自然的关系有着不同的理解。中国古代哲学主张人与自然和谐相处和“天人合一”，如都江堰水利工程则是“天人合一”的最高典范。自然是人类认识改造的对象，工程活动是人类改造自然的具体方式。传统的水利工程活动通常认为水利工程是改造自然的工具，人类可以向自然无限制地索取以满足人类的需要，这样就导致水利工程活动成为破坏人与自然关系的直接力量。在人类物质极其缺乏科技不发达时期，人类为满足生存的需要，这种水利工程观有其合理性。随着社会发展，社会系统与自然系统相互作用不断增强，水利工程活动不但对自然界造成影响，而且还会影响社会的运行发展。在水利工程活动过程中，会遇到各种不同的系统内外部客观规律的相互作用问题。如何处理它们之间的关系是水利工程研究的重要内容。因而，我们必须以当代和谐水利工程观为指导，树立水利工程综合集成意识，推动和谐社会的构建步伐。要使大型水利工程活动与和谐社会的要求相一致，就必须以当代水利工程观为指导协调社会规律、科学规律、生态规律，综合体现不同方面的要求，协调相互冲突的目标。摒弃传统的水利工程观念及其活动模式，探索当代水利工程观的问题，揭示大型水利工程与政治、经济、文化、社会、环境等相互作用的特点及其规律。在水利工程规划、设计、实施中，运用科学的水利工程管理，化冲突为和谐，为和谐社会的构建做出水利工程实践方面的贡献。

人与自然和谐相处是社会和谐的重要特征和基本保障，而水利是统筹人与自然和谐的关键。人与水的关系直接影响人与自然的关系，进而会影响人与人的关系、人与社会的关系。如果生态环境受到严重破坏、人民的生产生活环境恶化，如果资源能源供应高度紧张、经济发展与资源能源矛盾尖锐，人与人的和谐、人与社会的和谐就无法实现，建设和谐社会就无从谈起。科学的水利工程管理以可持续发展为目标，尊重自然、善待自然，保护自然，严格按自然经济规律办事，坚持防洪抗旱并举，兴利除害结合，开源节流并重，量水而行，以水定发展，在保护中开发，在开发中保护，按照优化开发、重点开发、限制开发和禁止开发的不同要求，明确不同河流或不同河段的功能定位，实行科学合理开发，强化生态保护。在约束水的同时，必须约束人的行为；在防止水对人的侵害的同时，更要防止人对水的侵害；在对水资源进行开发、利用、治理的同时，更加注重对水资源的配置、节约和保护；从无节制的开源趋利、以需定供转变为以供定需，由“高投入、高消耗、高排放、低效益”的粗放型增长方式向“低投入，低消耗、低排放、高效益”的集约型增长方式转变；由以往的经济增长为唯一目标，转变为经济增长与生态系统保护相协调，统筹考虑各种利弊得失，大力发展循环经济和清洁生产，优化经济结构，创新发展模式，节能降耗，保护环境；在以水利工程管理手段进一步规范和调节与水相关的人与人、人与社会的关系,实行自律式发展。科学的水利工程管理利于科学治水，在防洪减灾方面，给河流以空间，给洪水以出路，建立完善工程和非工程体系，合理利用雨洪资源，尽力减少灾害损失，保持社会稳定；在应对水资源短缺方面，协调好生活、生产、生态用水，全面建设节水型社会，大力提高水资源利用效率；在水土保持生态建设方面，加强预防、监督、治理和保护，充分发挥大自然的自我修复能力，改善生态环境；在水资源保护方面，加强水功能区管理，制定水源地保护监管的政策和标准，核定水域纳污能力和总量，严格排污权管理。依法限制排污，尽力保证人民群众饮水安全，进而推动和谐社会建设。概括起来，水利工程管理对和谐社会建设的作用可以概括如下：

第一，水利工程管理通过改变供电方式有利于经济、生态等多方面和谐发展。

水力发电已经成为我国电力系统十分重要的组成部分。新中国成立之后，一大批大中型的水利工程的建设为生产和生活提供大量的电力资源，极大地方便了人民群众的生产生活，也在一定程度上改变了我国过度依赖火力发电的局面，这也有利于环境的改善。我国不管是水电装机的容量还是水利工程的发电量，都处在世界前列。特别是农村小水电的建设有力地推动了农村地区乡镇企业的发展，为进行农产品的深加工、进行农田灌溉等做出了巨大的贡献。三峡工程、小浪底水利工程、二滩水利工程等一大批有着世界影响力的水利枢纽工程的建设，预示着我国水力发电的建设已经进入了一个十分重要的阶段。

第二，水利工程管理有助于保护生态环境，促进旅游等第三产业发展。

水利建设为改善环境做出了积极贡献，其中水土保持和小流域综合治理改善了生态环境，水力发电的发展减少了环境污染，为改善大气环境做出了贡献，农村小水电不仅解决了能源问题，还为实施封山育林、恢复植被等创造了条件，另外污水处理与回用、河湖保护与治理也有效地保护了生态环境。水利工程在建成之后，库区的风景区使得山色、瀑布、森林以及人文等紧密地融合在一起，呈现出一派山水林岛的和谐画面，是绝佳的旅游胜地。如：举世瞩目的三峡工程在建设之后，也成为一个十分著名的旅游景点，吸引了大量的游客前往参观，感受三峡工程的魅力，这在很大程度上促进了旅游收益的提升，增加了当地群众的经济收入。

第三，水利工程管理具有多种附加值，有利于推动航运等相关产业发展。

水利工程管理在对水利工程进行设计规划、建设施工、运营、养护等管理过程中，有助于发掘水利工程的其他附加值，如航运产业的快速发展。内河运输的一个十分重要的特点就是成本较低，通过进行水运可以增加运输量，降低运输的成本，满足交通发展的需要的同时促进经济的快速发展。水利工程的兴建与管理使得内河运输得到了发展，长江的“黄金水道”正是在水利工程的不断完善和兴建的基础之上得到发展和壮大的。

## 第四节　我国水利工程管理对生态文明的促进作用

生态文明是人类文明发展的一个新的阶段，即工业文明之后的文明形态；生态文明是人类遵循人、自然、社会和谐发展这一客观规律而取得的物质与精神成果的总和；生态文明是以人与自然，人与人、人与社会和谐共生、良性循环、全面发展、持续繁荣为基本宗旨的社会形态。它以尊重和维护生态环境为主旨，以可持续发展为根据，以未来人类的继续发展为着眼点。这种文明观强调人的自觉与自律，强调人与自然环境的相互依存、相互促进、共处共融。三百年的工业文明以人类征服自然为主要特征。世界工业化的发展使征服自然的文化达到极致；一系列全球性生态危机说明地球再没能力支持工业文明的继续发展。需要开创一个新的文明形态来延续人类的生存，这就是生态文明。如果说农业文明是黄色文明，工业文明是黑色文明，那生态文明就是绿色文明。生态，指生物之间以及生物与环境之间的相互关系与存在状态，亦即自然生态。自然生态有着自在自为的发展规律。人类社会改变了这种规律，把自然生态纳入人类可以改造的范围之内，这就形成了文明。生态文明，是指人类遵循人、自然、社会和谐发展这一客观规律而取得的物质与精神成果的总和；是指人与自然、人与人、人与社会和谐共生、良性循环、全面发展、持续繁荣为基本宗旨的文化伦理形态。

生态文明是人类文明的一种形态，它以尊重和维护自然为前提，以人与人、人与自然、人与社会和谐共生为宗旨，以建立可持续的生产方式和消费方式为内涵，以引导人们走上持续、和谐的发展道路为着眼点。生态文明在刘惊铎的《生态体验论》中定义为从自然生态、类生态和内生态三种系统思考和建构人类的生存方式。生态文明强调人的自觉与自律，强调人与自然环境的相互依存、相互促进、共处共融，既追求人与生态的和谐，也追求人与人的和谐，而且人与人的和谐是人与自然和谐的前提。可以说，生态文明是人类对传统文明形态特别是工业文明进行深刻反思的成果，是人类文明形态和文明发展理念、道路和模式的重大进步。

科学的水利工程管理可以转变传统的水利工程活动运转模式，使水利工程活动更加科学有序，同时促进生态文明建设。若没有科学的水利工程理念作指导，水利工程会对水生态系统造成某种胁迫，如水利工程会造成河流形态的均一化和不连续化，引起生物群落多样性水平下降。但科学合理的水利工程管理有助于减少这一现象，尽量避免或减少水利工程所引起的一些后果。

若不考虑科学的水利工程管理，仅仅从水利工程出发，则势必会造成对生态的极大破坏。因为水利工程活动主要关注人对自然的改造与征服，忽视自然的自我恢复能力，忽略了过度的开发自然会造成自然对人类的报复，既不考虑水利工程对社会结构及变迁的影响，也不考虑社会对水利工程的促进与限制。且在水利工程的决策、运行与评估的过程中，只考虑人的社会活动规律与生态环境的外在约束条件，没将其视为水利工程活动的内在因素。但运用科学的水利工程管理，可形成科学的水利工程理念。此时水利工程考虑的不再仅仅是人对自然的征服改造，它是在科学发展观的基础上，协调人与自然的关系，工程活动既考虑当代人的需要又考虑后代人的需求，是和谐的水利工程。运用科学水利工程管理理念的水利工程转变了传统水利工程的粗放发展方式。运用科学水利工程管理理念的水利工程活动是一种集约式的工程活动，与当代的经济发展模式相适应，其具备较完善的决策、实施、评估等相关系统。也会成为知识密集型、资源集约型的造物活动，具备更高的科技含量。再者，其在改造环境的同时保护环境，使生态环境能够可持续发展，将生态环境作为工程活动的外在约束条件，以生态因素作为水利工程的决策、运行、评估内在要素。

科学的水利工程管理对生态文明的促进作用主要体现在以下两方面。

## 一、对资源节约的促进作用

节约资源是保护生态环境的根本之策。节约资源意味着价值观念、生产方式、生活方式、行为方式，消费模式等多方面的变革，涉及各行各业，与每个企业、单位、家庭、个人都有关系，需要全民积极参与。必须利用各种方式在全社会广泛培育节约资源意识，大力倡导珍惜资源、节约资源风尚，明确确立和牢固树立节约资源理念，形成节约资源的社会共识和共同行动，全社会齐心合力共同建设资源节约型、环境友好型社会。资源是增加社会生产和改善居民生活的重要支撑，节约资源的目的并不是减少生产和降低居民消费水平，而是使生产相同数量的产品能够消耗更少的资源，或者用相同数量的资源能够生产更多的产品、创造更高的价值，使有限资源能更好满足人民群众物质文化生活需要。只有通过资源的高效利用，才能实现这个目标。因此，转变资源利用方式，推动资源高效利用，是节约利用资源的根本途径。要通过科技创新和技术进步深入挖掘资源利用效率，促进资源利用效率不断提升，真正实现资源高效利用，努力用最小的资源消耗支撑经济社会发展。科学的水利工程管理，有助于完善水资源管理制度，加强水源地保护和用水总量管理，加强用水总量控制和定额管理，制订和完善江河流域水量分配方案，推进水循环利用，建设节水型社会。

科学的水利工程管理，可以促进水资源的高效利用，减少资源消耗。我国经济社会快速发展和人民生活水平提高对水资源的需求与水资源时空分布不均以及水污染严重的矛盾，对建设资源节约型和环境友好型社会形成倒逼机制。人的命脉在田，在人口增长和耕地减少的情况下保障国家粮食安全对农田水利建设提出了更高的要求。水利工作需要正确处理经济社会发展和水资源的关系，全面考虑水的资源功能、环境功能和生态功能，对水资源进行合理开发、优化配置、全面节约和有效保护。水利面临的新问题需要有新的应对之策，而水利工程管理又是由问题倒逼而产生，同时又在不断解决问题中得以深化。

## 二、对环境保护的促进作用

从宇宙来看，地球是一个蔚蓝色的星球，地球的储水量是很丰富的，共有 14.5 亿 $km^2$ 多，其表面积的 72% 覆盖水。但实际上，地球上 97.5% 的水是咸水，又咸又苦，不能饮用，不能灌溉，也很难在工业应用，能直接被人们生产和生活利用的少得可怜，淡水仅有 2.5%。而在淡水中，将近 70% 冻结在南极和格陵兰的冰盖中，其余的大部分是土壤中的水分或是深层地下水，难以供人类开采使用。江河、湖泊、水库等来源的水较易于开采供人类直接使用，但其数量不足世界淡水的 1%，约占地球上全部水的 0.007%。全球淡水资源不仅短缺而且地区分布极不平衡。而我国又是一个干旱缺水严重的国家。淡水资源总量为 28000 亿 $m^3$，占全球水资源的 6%，仅为世界平均水平的 1/4、美国的 1/5，在世界上名列 121 位，是全球 13 个人均水资源最贫乏的国家之一。扣除难以利用的洪水径流和散布在偏远地区的地下水资源后，中国现实可利用的淡水资源量则更少，仅为 11000 亿 $m^3$ 左右，人均可利用水资源量约为 900m3，并且其分布极不均衡。到 20 世纪末，全国 600 多座城市中，已有 400 多个城市存在供水不足问题，其中比较严重的缺水城市达 110 个，全国城市缺水总量为 60 亿 $m^3$。其中北京市的人均占有水量为全世界人均占有水量的 1/13，连一些干旱的阿拉伯国家都不如。更糟糕的是我国水体水质总体上呈恶化趋势。北方地区“有河皆干，有水皆污”，南方许多重要河流、湖泊污染严重。水环境恶化，严重影响了我国经济社会的可持续发展。而科学的水利工程管理可以促进淡水资源的科学利用，加强水资源的保护。对环境保护起到促进性的作用。水利是现代化建设不可或缺的首要条件，是经济社会发展不可替代的基础支撑，当然也是生态环境改善不可分割的保障系统，其具有很强的公益性、基础性、战略性。

同时，科学的水利工程管理可以加快水力发电工程的建设，而水电又是一种清洁能源，水电的发展有助于减少污染物的排放，进而保护环境。水力发电相比于火力发电等传统发电模式在污染物排放方面有着得天独厚的优势，水力发电成本低，水力发电只是利用水流所携带的能量，无须再消耗其他动力资源，水力发电直接利用水能，几乎没有任何污染物排放。当前，大多数发达国家的水电开发率很高，有的国家甚至高达 90% 以上，而发展中国家的水电资源开发水平极低，一般在 10% 左右。中国水能资源开发也只达到百分之十几。水电是清洁、环保、可再生能源，可以减少污染物的排放量，改善空气质量；还可以通过“以电代柴”有效保护山林资源，提高森林覆盖率并且保持水土。

一般情况下，地区性气候状况受大气环流所控制，但修建大、中型水库及灌溉工程后，原先的陆地变成了水体或湿地，使局部地表空气变得较湿润，对局部小气候会产生一定的影响，主要表现在对降雨、气温、风和雾等气象因子的影响。而科学的水利工程管理就可对地区的气候施加影响，因时制宜，因地制宜，利于水土保持。而水土保持是生态建设的重要环节，也是资源开发和经济建设的基础工程，科学的水利工程管理，可以快速控制水土流失，提高水资源利用率，通过促进退耕还林还草及封禁保护，加快生态自我修复，实现生态环境的良性循环，改善生产、生活和交通条件，为开发创造良好的建设环境，对于环境保护具有重要的促进作用。

而大型水利工程通常既是一项具有巨大综合效益的水利枢纽工程，又是一项改造生态环境的工程。人工自然是人类为满足生存和发展需要而改造自然环境，建造一些生态环境工程。例如，三峡工程具有巨大的防洪效益，可以使荆江河段的防洪标准由十年一遇提高到百年一遇，即使遇到类似 1987 年的特大洪水，也可避免发生毁灭性灾害，这样就可以有效减免洪水灾害对长江中游富庶的江汉平原和洞庭湖区生态环境的严重破坏。最重要的是可以避免人口的大量伤亡，避免洪灾带来的饥荒、救灾赈济和灾民安置等一系列社会问题，可减免洪灾对人们心理上造成的威胁，减缓洞庭湖淤积速度，延长湖泊寿命，还可改善中下游枯水期的时间。三峡水电站每年发电 847 亿千瓦时，与火电相比，为国家节省大量原煤，可以有效地减轻对周围环境的污染，具有巨大的环境效益。每年可少排放上万吨二氧化碳，上百万吨二氧化硫，上万吨一氧化碳，37 万吨氮氧化合物，以及大量的废水、废渣；可减轻因有害气体的排放而引起酸雨的危害。三峡工程还可使长江中下游枯水季节的流量显著增大，有利于珍稀动物白鳍豚及其他鱼类安全越冬，减免因水浅而发生的意外死亡事故，还有利于减少长江口盐水上溯长度和入侵时间，减少上海市区人民吃“咸水”的时间，由此看来三峡工程的生态环境效益是巨大的。水生态系统作为生态环境系统的重要部分，在物质循环、生物多样性、自然资源供给和气候调节等方面起到举足轻重的作用。

## 三、对农村生态环境改善的促进作用

促进生态文明是现代社会发展的基本诉求之一，建设社会主义新农村也要实现村容整洁，就必须加强农业水利工程建设，统筹考虑水资源利用、水土流失与污染等一系列问题及其防治措施，实现保护和改善农村生态环境的目的。水利工程管理是现代农业建设不可或缺的首要条件，是经济社会发展不可替代的基础支撑，是生态环境改善不可分割的保障系统，具有很强的公益性、基础性、战略性。加快水利工程发展，不仅事关农业农村发展，而且事关经济社会发展全局；不仅关系到防洪安全、供水安全、粮食安全，而且关系到经济安全、生态安全、国家安全。要把水利工程管理工作摆上党和国家事业发展更加突出的位置，着力加快农田水利工程建设和管理，推动水利工程管理实现跨越式发展。

水利工程管理对农村生态环境改善的促进作用可以具体归纳以下几点：（1）解决旱涝灾害。水资源作为人类生存和发展的根本，具有不可替代的作用，但是对于我国而言，由于不同气候条件的影响，水资源的空间分布极不均匀，南方水资源丰富，在雨季常常出现洪涝灾害，而北方水资源相对不足，常见干旱，这两种情况都在很大程度上影响了农业生产的正常进行，影响着人们的日常生产和生活。而水利工程管理，可以有效解决我国水资源分布不均的问题，解决旱涝灾害，促进经济的持续健康发展，如南水北调工程，就是其中的代表性工程。（2）改善局部生态环境。在经济发展的带动下，人们的生活水平不断提高，人口数量不断增加，对于资源和能源的需求也在不断提高，现有的资源已经无法满足人们的生产和生活需求。而通过水利工程的兴建和有效管理，不仅可以有效消除旱涝灾害，还可以对局部区域的生态环境进行改善，增加空气湿度，促进植被生长，为经济的发展提供良好的环境支持。（3）优化水文环境。水利工程管理，能够对水污染情况进行及时有效的治理，对河流的水质进行优化。以黄河为例，由于上游黄土高原的土地沙化现象日益严重，河流在经过时，会携带大量的泥沙，产生泥沙的淤积和拥堵现象，而通过兴修水利工程，利用蓄水、排水等操作，可以大大增加下游的水流速度，对泥沙进行排泄，保证河道的畅通。

## 第五节　我国水利工程管理与工程科技发展的互相推动作用

工程科技与人类生存息息相关。温故而知新。回顾人类文明历史，人类生存与社会生产力发展水平密切相关，而社会生产力发展的一个重要源头就是工程科技。工程造福人类，科技创造未来。工程科技是改变世界的重要力量，它源于生活需要，又归于生活之中。历史证明，工程科技创新驱动着历史车轮飞速旋转，为人类文明进步提供了不竭动力源泉，推动人类从蒙昧走向文明、从游牧文明走向农业文明、工业文明，走向信息化时代。新中国成立 60 多年特别是改革开放 30 多年来，中国经济社会快速发展，其中工程科技创新驱动功不可没。当今世界，科学技术作为第一生产力的作用愈益凸显，工程科技进步和创新对经济社会发展的主导作用更加突出。

### 一、水利工程管理对工程科技体系的影响和推动作用

古往今来，人类创造了无数令人惊叹的工程科技成果。古代工程科技创造的许多成果至今仍存在，见证了人类文明编年史。如古埃及金字塔、古希腊帕特农神庙、古罗马斗兽场、印第安人太阳神庙、柬埔寨吴哥窟、印度泰姬陵等古代建筑奇迹，再如中国的造纸术、火药、印刷术、指南针等重大技术创造和万里长城、都江堰、京杭大

运河等重大工程，都是当时人类文明形成的关键因素和重要标志，都对人类文明发展产生了重大影响，都对世界历史演进具有深远意义。中国是有着悠久历史的文明古国，中华民族是富有创新精神的民族。5000年来，中国古代的工程科技是中华文明的重要组成部分，也为人类文明的进步做出了巨大贡献。

近代以来，工程科技更直接地把科学发现同产业发展联系在一起，成为经济社会发展的主要驱动力。每一次产业革命都同技术革命密不可分。18世纪，蒸汽机引发了第一次产业革命，导致从手工劳动向动力机器生产转变的重大飞跃，使人类进入了机械化时代。19世纪末至20世纪上半叶，电机和化工引发了第二次产业革命，使人类进入了电气化、核能、航空航天时代，极大提高了社会生产力和人类生活水平，缩小了国与国、地区与地区、人与人的空间和时间距离，地球变成了一个"村庄"。20世纪下半叶，信息技术引发了第三次产业革命，使社会生产和消费从工业化向自动化、智能化转变，社会生产力再次大提高，劳动生产率再次大飞跃。工程科技的每一次重大突破，都会催发社会生产力的深刻变革，都会推动人类文明迈向新的更高的台阶。

中华人民共和国成立以来，中国大力推进工程科技发展，建立起独立的、比较完整的、有相当规模和较高技术水平的工业体系、农业体系、科学技术体系和国防体系，取得了一系列伟大的工程科技成就，为国家安全、经济发展、社会进步和民生改善提供了重要支撑，实现了向工业化、现代化的跨越发展。特别是改革开放30多年来，中国经济社会快速发展，其中工程科技创新驱动功不可没。"两弹一星"、载人航天、探月工程等一批重大工程科技成就，大幅度提升了中国的综合国力和国际地位。而科学的水利工程管理更是催生了三峡工程、南水北调等一大批重大水利工程建设成功，大幅度提升了中国的基础工业、制造业、新兴产业等领域创新能力和水平，推动了完整工程科技体系的构建进程。同时推动了农业科技、人口健康、资源环境、公共、安全、防灾减灾等领域工程科技发展，大幅度提高了14亿多中国人的生活水平和质量。

## 二、水利工程对专业科技发展的推动作用

工程科技已经成为经济增长的主要动力，推动基础工业、制造业、新兴产业高速发展，支撑了一系列国家重大工程建设。科学的水利工程管理可以推动专业科技的发展。如三峡水利工程就发挥了巨大的综合作用，其超临界发电、水力发电等技术已达到世界先进水平。改革开放后，我国经济社会发展取得了举世瞩目的成就，经济总量跃居世界第二，众多主要经济指标位于世界前列。但我们必须清醒地看到，虽然我国经济规模很大，但依然大而不强，我国经济增速很快，但依然快而不优。主要依靠资源等要素投入推动经济增长和规模扩张的粗放型发展方式是不可持续的。中国的发展

正处在关键的战略转折点，实现科学发展、转变经济发展方式刻不容缓。而这最根本的是要依靠科技力量，提高自主创新能力，实施创新驱动发展战略，把发展从依靠资源、投资、低成本等要素驱动转变到依靠科技进步和人力资源优势上来。而水利工程的特殊性决定了加强技术管理势在必行。水利工程的特殊性主要表现在两个方面，一方面水利工程是我国各项基础建设中最为重要的基础项目，其关系到农业灌溉、关系到社会生产正常用水、关系到整个社会的安定，如果不重视技术管理，极有可能埋下技术隐患，使得水利工程质量出现问题。另一方面水利工程工程量大，施工中需要多个工种的协调作业，而且工期长，施工中容易受到各种自然和社会因素的制约。当然，水利工程技术要求较高，施工中会出现一些意想不到的技术难题，如果不做好充分的技术准备工作，极有可能导致施工的停滞。正是基于水利工程的这种特殊性，才可体现科学的水利工程管理的重要性，其可为水利工程施工的顺利进行和高质量的完工奠定基础。具体说来，水利工程管理对专业科技发展的推动作用如下：

水利工程安全管理信息系统。水利工程管理工作推动现场自动采集系统、远程传输系统的开发研制；中心站网络系统与综合数据库的建立及信息接收子系统、数据库管理子系统、安全评价子系统与信息服务子系统以及中央指挥站等的开发应用。

土石坝的养护与维修。土石坝所用材料是松散颗粒的，土粒间的连接强度低，抗剪能力小，颗粒间孔隙较大，因此易受到渗流、冲刷、沉降、冰冻、地震等的影响。在运用过程中常常会因渗流而产生渗透破坏和蓄水的大量损失；因沉降导致坝顶高程不够和产生裂缝；因抗剪能力小、边坡不够平缓、渗流等而产生滑坡；因土粒间连接力小，抗冲能力低，在风浪、降雨等作用下而造成坝坡的冲蚀、侵蚀和护坡的破坏，所以也不允许坝顶过水；因气温的剧烈变化而引起坝体土料冻胀和干缩等。故要求土石坝有稳定的坝身、合理的防渗体和排水体、坚固的护坡及适当的坝顶构造，并在运用过程中加强监测和维护。土石坝的各种破坏都有一定的发展过程，针对可能出现病害的形势和部位，加强检查，如在病害发展初期能够及时发现，并采取措施进行处理和养护，防止轻微缺陷的进一步扩展和各种不利因素对土石坝的过大损害，保证土石坝的安全，延长土石坝的使用年限。在检查中，经常会用到槽探、井探及注水检查法；甚低频电磁检查法（工作频率为15~35kHz，发射功率为20~1000kw）；同位素检查法（同位素示踪测速法、同位素稀释法和同位素示踪吸附法）。

混凝土坝及浆砌石坝的养护与维修。混凝土坝和浆砌石坝主要靠重力维持稳定，其抗滑稳定往往是坝体安全的关键，当地基存在软弱夹层或缺陷，在设计和施工中又未及时发现和妥善处理时，往往使坝体与地基抗滑稳定性不够，而成为最危险的病害。此外，由于温度变化、应力过大或不均匀沉陷，都可能使坝体产生裂缝，并沿裂缝产生渗漏。水利部于1999年颁布了有关混凝土坝养护修理规程。围绕混凝土建筑物修补加固设立了大量的科研课题，有关新材料、新工艺和新技术得到开发应用，取得了良好的效果。水下修补加固技术方面，水下不分散混凝土在众多工程中成功应用，水下裂缝、伸缩缝修补成套技术已研制成功，水下高性能快速密封堵漏灌浆材料得到成功应用。大面积防渗补强新材料、新技术方面，聚合物水泥砂浆作为防渗、防腐、防冻材料得到大范围推广应用，喷射钢纤维混凝土大面积防渗取得成功，新型水泥基渗透结晶防水材料在水工混凝土的防渗修补中得到应用。

碾压混凝土及面板胶结堆石筑坝技术。对于碾压混凝土坝，涉及结构设计的改进、材料配比的研究、施工方法的改进、温控方法及施工质量控制。在水利工程管理中，需要做好面板胶结堆石坝,集料级配及掺入料配台比的试验; 做好胶结堆石料的耐久性、坝体可能的破坏形态及安全准则、坝体及其材料的动力特性、高坝坝体变形特性及对上游防渗体系的影响分析。此外，水利工程抗震技术。

地震反应及安全监测、震害调查、抗震设计以及抗震加固技术也不断得到应用。

堤防崩岸机理分析、预报及处理技术。水利工程管理需要对崩岸形成的地质资料及河流地质作用、崩岸变形破坏机理、崩岸稳定性、崩岸监测及预报技术、崩岸防治及施工技术、崩岸预警抢险应急技术及决策支持系统进行分析和研究。

深覆盖层堤坝地基渗流控制技术。水利工程管理需要完善防渗体系、防渗效果检测技术，分析超深、超薄防渗墙防渗机理，开发质优价廉的新型防渗：土工合成材料，开发适应大变形的高抗渗塑性混凝土。水利工程老化及病险问题分析技术。在水利管理中，水利工程老化病害机理、堤防隐患探测技术与关键设备、病险堤坝安全评价与除险加固决策系统、堤坝渗流控制和加固关键技术、长效减压技术，堤坝防渗加固技术，已有堤坝防渗加固技术的完善与规范化都在推动专业工程科技的不断发展。

高边坡技术。在水利工程管理中，高边坡技术包括高边坡工程力学模型破坏机理和岩石力学参数，高边坡研究中的岩石水力学，高边坡稳定分析及评价技术，高边坡加固技术及施工工艺，高边坡监测技术，以及高边坡反馈设计理论和方法。

新型材料及新型结构。水利新型材料涉及新型混凝土外加剂与掺和料、自排水模板、各种新型防护材料、各种水上和水下修补新材料、各种土工合成新材料，以及用于灌浆的超细水泥等。

水利工程监测技术。工程监测在我国水利工程管理中发挥着重要作用，已成为工程设计、施工、运行管理中不可缺少的组成部分。高精度、耐久、强抗干扰的小量程钢弦式孔隙水压力计，智能型分布式自动化监测系统，水利工程中的光导纤维监测技术，大型水利工程泄水建筑物长期动态观测及数据分析评价方法，网络技术在水利工程监测系统中的应用，大坝工作与安全性态评价专家系统，堤防安全监测技术，水利工程工情与水情自动监测系统，高坝及超高坝的关键技术：设计参数，强度、变形及稳定计算，高速及超高速水力学等。在水利工程管理过程中主要用到观测方法和仪器设备的研制生产、监测设计、监测设备的埋设安装，数据的采集、传输和存储，资料的整理和分析，工程实测性态的分析评价等。主要涉及水工建筑物的变形观测、渗流观测、应力和温度观测、水流观测等。

水库管理。对工程进行维修养护，防止和延缓工程老化、库区淤积、自然和人为破坏，延长水库使用年限。及时掌握各种建筑物和设备的技术状况，了解水库实际蓄泄能力和有关河道的过水能力，收集水文气象资料的情报、预报以及防汛部门和各用水户的要求。要在库岸防护、水库控制运用、水库泥沙淤积的防治等方面进行技术推广与应用。

溢洪道的养护与维修。对于大多数水库来说，溢洪道泄洪机会不多，宣泄大流量洪水的机会则更少，有的几年甚至十几年才泄一次水。但是，由于还无法准确预报特大洪水的出现时间，故溢洪道每年都要做好宣泄最大洪水的预防和准备工作。溢洪道的泄洪能力主要取决于控制段能否通过设计流量，根据控制段的堰顶高程、溢流前缘总长、溢流时堰顶水头用一般水力学的堰流或孔流公式进行复核。而且需要全面掌握准确的水库集水面积、库容、地形、地质条件和来水来沙量等基本资料。

水闸的养护与修理。水闸多数修建在软土地基上，是一种既挡水又泄水的低水头水工建筑物，因而它在抗滑稳定、防渗及沉陷等方面都有其自身的工作特点。当土工建筑物发生渗漏、管涌时，一般采用上游堵截渗漏，下游反滤导渗的方法进行及时处理。根据情况采用开挖回填或灌浆方法处理。

渠系输水建筑物的养护与修理。渠系建筑物属于渠系配套建筑物，承担灌区或城市供水的输配水任务，按照用途可分为控制建筑物、交叉建筑物、输水建筑物、泄水建筑物、量水建筑物。输水建筑物输水流量，水位和流速常受水源条件、用水情况和渠系建筑物的状态发生较大而频繁的变化，灌溉渠道行水与停水受季节和降雨影响显著，维护和管理与此相适应。位于深水或地下的渠系建筑物，除要承受较大的山岩压力、渗透压力外，还要承受巨大的水头压力及高速水流的冲击作用力。在地面的建筑物又要经受温差作用、冻融作用，冻胀作用，以及各种侵蚀作用，这些作用极易使建筑物发生破坏。此外，在一个工程中，渠系建筑物数量多，分布范围大，所处地形条件和水文地质条件复杂，受到自然破坏和人为破坏的因素较多，且交通运输不便，维修施工不便，对工程科技的要求较高。

水利水电工程设备的维护。在水电站、泵站、水闸、倒虹、船闸等水利工程中均涉及一些设备，设备已成为水利工程的主要组成部分，对水利工程效益的发挥和安全运行起着至关重要的作用。一是金属结构设备维护，金属结构是用型钢材料，经焊铆等工艺方法加工而成的结构体，在水闸、引水等工程中被广泛采用，有挡水类、输水类、拦污类及其他钢结构类型。一般钢结构在运行中要受水的冲刷、冲击、侵蚀、气蚀、振荡以及较大的水头压力等作用。这就需要对锈蚀、润滑等进行处理，需要在涂料保护、金属保护、外加电流阴极保护与涂料保护联合等技术进行开发。

防汛抢险。江河堤防和水库坝体作为挡水设施，在运用过程中由于受外界条件变化的作用，自身也发生相应结构的变化而形成缺陷，这样一到汛期，这些工程存在的隐患和缺陷都会暴露出来，一般险情主要有风浪冲击、洪水漫顶、散浸、陷坑、崩岸、管涌、漏洞、裂缝及堤坝溃决等。雨情、水情和枢纽工情的测报、预报准备等。包括测验设施和仪器、仪表的检修、校验，报讯传输系统的检修试机，水情自动测报系统的检查、测试，以及预报曲线图表、计算机软件程序、大屏幕显示系统与历史暴雨、洪水、工程变化对比资料准备等，保证汛情测报系统运转灵活，为防洪调度提供准确、及时的测报、预报资料和数据。

地下工程。在水利工程管理中，需要进行复杂地质环境下大型地下洞室群岩体地质模型的建立及地质超前预报，不均匀岩体围岩稳定力学模型及岩体力学作用，围岩结构关系，岩石力学参数确定及分析，强度及稳定性准则，应力场与渗流场的耦台，大型地下洞室群工程模型，洞室群布置优化，洞口边坡与洞室相互影响及其稳定性和变形破坏规律，地下洞室群施工顺序、施工技术优化，地下洞室围岩加固机理及效应，大型地下洞室群监测技术，隧洞盾构施工关键技术，岩爆的监测、预报及防治技术以及围岩大变形支护材料和控制技术。

## 三、科技运用对水利工程管理的推进作用

水利工程管理通过引进新技术、新设备，改造和替代现有设备，改善水利管理条件；加强自动监测系统建设，提高监测自动化程度；积极推进信息化建设，提升监测、预报和决策的现代化水平。引进新技术、新设备是水利工程能长期稳定带来经济效益的有效途径。在原有资源基础上，不断改善运行环境，做到具有创新性且有可行性，从而提高工程整体的运营能力，是未来水利工程管理的要求。

20 世纪 80 年代以前，水利工程管理基本处于人工管理模式，即根据人们长期工作的实践经验，借助常规的工具、机电设施和普通的通信手段，采取人工观测、手工操作等工作方式，处理工程管理的各类图表绘制、数据计算和文字编辑，发布水情、工情调度指令和启闭调节各类工程建筑物。到 90 年代初期，通信、计算机技术在水利工程管理中开始得到初步应用，但也只是作为一般的辅助工具，主要用于通信联络、文字编辑、图表绘制和打印输出，最多做些简单的编程计算，通信、计算机等先进技术未能得到全面普及和应用，其技术特性和系统效益不能得以充分发挥。

近几年，随着现代通信和计算机等技术的迅猛发展，以及水利信息化建设进程不

断加快，水利工程管理开始由传统型的经验管理逐步转换为现代化管理。各级工程管理部门着手利用通信、计算机、程控交换、图文视讯和遥测遥控等现代技术，配置相应的硬、软件设施，先后建立通信传输、计算机网络、信息采集和视频监控等系统，实现水情、工情信息的实时采集，水工建筑物的自动控制，作业现场的远程监视，工程视讯异地会商及办公自动化等。具体来说，现代信息技术的应用对水利工程管理的推动作用如下；

物联网技术的应用：物联网技术是完成水利信息采集、传输以及处理的重要方法，也是我国水利信息化的标志。近几年来，伴随着物联网技术的日益发展，物联网技术在水利信息管理尤其是在水利资源建设中得到了广泛的应用并起到了决定性作用。截至目前，我国水利管理部已经完成了信息管理平台的构建和完善，用户想要查阅我国各地的水利信息，通过该平台就能完成。为了对基础水利信息动态实现实时把握，我国也加大了对基层水利管理部门的管理力度，给科学合理的决策提供了有效的信息资源。由于物联网具有快速传播的特点，水利管理部门对物联网水利信息管理系统的构建也不断加强。在水利管理服务中，物联网技术有以下两个作用，分别为在水利信息管理系统中的作用和对水利信息智能化处理作用。为了通过物联网及时地掌握水利信息并制定有效措施，可以采用设置传感器节点以及 RFID 设备的方法，完成对水利信息的智能感应以及信息采集。所谓的智能处理，就是采用计算技术和数据利用对收集的信息进行处理，进而对水利信息加以管理和控制。气候变化、模拟出水资源的调度和市场发展等问题都可以采用云计算的方法，实现应用平台的构建和开发。水利工作视频会议、水利信息采集以及水利工程监控等工作中物联网技术都得到了广泛的综合应用。

遥感技术的应用：在水利信息管理中遥感技术也得到了广泛的应用。其获取信息原理就是通过地表物体反射电磁波和发射电磁波，实现对不同信息的采集。近几年，遥感技术也被广泛地应用到防洪、水利工程管理和水行政执法中。遥感技术在防洪抗旱过程中，能够借助遥感系统平台实现对灾区的监测，发生洪灾后，人工无法测量出受灾面积，遥感技术能够对灾区受灾面积以及洪水持续时间进行预测，并反馈出具体灾情情况以及图像，为决策部门提供了有效的决策依据。信息新技术的快速发展，遥感技术在水利信息管理中也有越来越重要的作用。在使用遥感技术获取数据时，还要求其他技术与其相结合，进行系统的对接，进而能够完成对水利信息数据的整合，充分体现了遥感技术集成化特点；遥感技术能够为水利工作者提供大量的数据，而且能够根据数据制作图像。但是在使用遥感技术时，为了给决策者供应辅助决策，一定要对遥感系统进行专业化的模型分析，充分体现了遥感技术数字模型化特点；为了对数据收集、数据交换以及数据分析等做出科学准确的预测，使用遥感技术时，要设定统一的标准，充分体现了遥感技术标准化特点。

GIS 技术的应用：GIS 技术在水利信息管理服务中对水利信息自动化起到关键性作用。反映地理坐标是 GIS 技术最大的功能特点。由于其能够对水利资源所处的地形地貌等信息做出很好的反映，因此对我国水利信息准确位置的确定起到了决定性作用；GIS 技术可以在平台上将测站、水库以及水闸等水利信息进行专题信息展示；GIS 技术也能够对综合水情预报、人口财产和受灾面积等进行准确的定量估算分析；GIS 技术能够集成相关功能的模块及相关专业模型。其中集成功能模块主要包括数据库、信息服务以及图形库等功能性模块；集成相关专业模型包括水文预报、水库调度以及气象预报等。充分体现了 GIS 技术基础地理信息管理、水利专题信息展示、统计分析功能运用以及系统集成功能的作用。GIS 技术在水利信息管理、水环境、防汛抗旱减灾、水资源管理以及水土保持等方面得到了广泛的应用，其应用能力也从原始的查询、检索和空间显示变成分析、决策、模拟以及预测。

GPS 技术的应用：GPS 技术引入水利工程管理中去，将使水利工程的管理工作变得非常方便。卫星定位系统其作用就是准确定位，它是在计算机技术和空间技术的基础上发展而来的。卫星定位技术一般都应用在抗洪抢险和防洪决策等水利信息管理工作中。卫星定位技术能够对发生险情的地理位置进行准确定位，进而给予灾区及时的救援。卫星定位系统在水利信息管理服务中有广泛应用，诸如 1998 年我国发生特大险情，就是通过卫星定位系统对灾区进行准确定位并进行及时救援，从而有效地控制了灾情，避免了灾害的持续发生。随着信息新技术的不断发展，卫星定位系统也与其他 RS 影像以及 GIS 平台等系统连接，进而被广泛应用到抗洪抢险工作中。采用该方法能够对灾区和险情进行准确定位，从而实施及时救援，避免了灾情的持续发展，保障了灾区人民的生命安全。

综上所述，水工程管理与工程科技发展二者关系是相互依赖、相互依存的。在工程管理中，不能离开工程科技而单独搞管理，因为工程科技是管理的继续和实施，任何一种管理都离不开实施阶段，没有实施就没有效果，没有效果就等于管理失败，因此，离开工程科技，管理就不能进行。相反，也不能离开管理来单独搞技术，因为管理带动技术，技术只能通过管理才能发挥出来。没有管理做后盾，技术虽高也难以发挥，二者相互依存，缺一不可。随着水利工程在整个社会中重要性的逐渐突出，水利工程功能也要进一步拓展。这就使得水利工程的设计和施工技术要求也出现了相应的改变。水利施工必须与时俱进，要不断采用新技术、新设备，提高施工水平。相比较传统的水利工程项目，现代化的水利施工更需要有强大的技术作支撑，科学的水利工程管理可推动专业科技的发展。

# 第六章　我国水利工程项目管理发展战略

## 第一节　我国水利工程管理的指导思想

尽管我国在水利工程管理领域取得了突出成绩，但是受我国水资源，特别是人均水资源禀赋特征的限制，相关工作仍需进一步强化推进。人多水少，水资源时空分布不均、与生产力布局不相匹配，水旱灾害频发，仍是我国的基本国情和水情，也是制约我国国民经济发展的主要因素。而随着经济社会不断发展，特别是基于近年来全球金融危机后续持续发酵及我国社会经济发展进入新常态的历史阶段，我国水安全呈现出新老问题相互交织的严峻形势，特别是水资源短缺、水生态损害、水环境污染等问题愈加突出，水利工程管理作为我国水利事业的基础，亟待进一步提升战略规划水平，从顶层设计、系统控制的视角出发，水利工程建设中和建成后的总体进程进行有效的科学管理，确保所有工作有条不紊地按计划推进、实施、竣工和维持长期运作，确保所有工程的规划、建设和运营有效达成战略规划目标，确保水利工程管理为国民经济发展提供可靠的基础支撑。同时，从管理科学学科发展及管理技术水平进步的动态视角看，水利工程管理所涉及的概念与类别、内涵与外延、手段和工具等是在人们长期实践的过程中逐渐形成的，随着时代的变化，管理的具体内容与方法也在不断充实和改进，在全球管理科学现代化的大背景下，在我国全面推进国家治理体系和治理能力现代化的改革目标要求下，也有必要针对我国水利工程管理的未来发展战略构建系统化和科学化的顶层设计。

我国水利工程管理必须以马克思列宁主义、毛泽东思想、邓小平理论、“三个代表”重要思想、科学发展观为指导，全面贯彻党的十八大，十八届三中、四中、五中、六中全会以及习近平总书记系列重要讲话精神，围绕“四个全面”战略布局，坚持社会主义市场经济改革方向，聚焦改革“总目标”，紧扣“六个紧紧围绕”改革主线，突出水利总体发展的战略导向、需求导向和问题导向，基于习近平总书记提出的“节水优先、空间均衡、系统治理、两手发力”的新时期水利工作方针，按照中央关于加快水利改革发展的总体部署，以保障国家水安全和大力发展民生水利为出发点，进一步解放思想，勇于创新，加快政府职能转变，发挥市场配置资源的决定性作用，着力推进水利重要领域和关键环节的改革攻坚，使水利发展更加充满活力、富有效率，让水利改革发展成果更多更公平惠及全体人民。

## 第二节　我国水利工程管理的基本原则

我国水利工程管理的基本原则为：

1. 坚持民生优先。着力解决群众最关心最直接最现实的水利问题，推动民生水利新发展；

2. 坚持统筹兼顾。注重兴利除害结合、防灾减灾并重、治标治本兼顾，促进流域与区域、城市与农村、东中西部地区水利协调发展；

3. 坚持人水和谐。顺应自然规律和社会发展规律，合理开发、优化配置、全面节约、有效保护水资源；

4. 坚持政府主导。发挥公共财政对水利发展的保障作用，形成政府社会协同治水兴水合力；

5. 坚持改革创新。加快水利重点领域和关键环节改革攻坚，破解水利发展的体制机制障碍。

水利改革改革基本原则如下：

1. 深化水利改革，要处理好政府与市场的关系，坚持政府主导办水利，合理划分中央与地方事权，更大程度更广范围发挥市场机制作用；

2. 处理好顶层设计与实践探索的关系，科学制订水利改革方案，突出水利重要领域和关键环节的改革，充分发挥基层和群众的创造性；

3. 处理好整体推进与分类指导的关系，统筹推进各项水利改革，强化改革的综合配套和保障措施，区别不同地区不同情况，增强改革措施的针对性和有效性；

4. 处理好改革发展稳定的关系，把握好水利改革任务的轻重缓急和社会承受程度，广泛凝聚改革共识，提高改革决策的科学性。由前后表述的细微变化看出，水利工程管理的指导原则更注重发挥市场机制的作用，更注重顶层设计理论指导与基层实践探索相互结合，更强调处理整体推进与分类指导的关系，更注重发挥群众的创造性，这既是前面指导精神的进一步延伸，也是不同的发展形势下的进一步深入细化。

基于此，我们认为，新时期我国水利工程管理应遵循以下基本原则：

1. 坚持把人民群众利益放在首位。把保障和改善民生作为工作的根本出发点和落脚点，使水利发展成果惠及广大人民群众。

2. 坚持科学统筹和高效利用。通过科学决策的置顶规划和系统推行的工作进程，把高效节约的用水理念和行动贯穿于经济社会发展和群众生活生产全过程，系统提升用水效率和综合效益。

3. 坚持目标约束和绩效管控。按照“以水四定”的社会经济发展理念，把水资源承载能力作为刚性约束目标，全面落实最严格水资源管理制度，并运用绩效管理办法将目标具体化到工作进程的各个环节，实现社会发展与水资源的协调均衡。

4. 坚持政府主导和市场协同。坚持政府在水利工程管理中的主导地位，充分发挥市场在资源配置中的决定性作用，合理规划和有序引导民间资本与政府合作的经营管理模式，充分调动市场的积极性和创造力。

5. 坚持深化改革和创新发展。全面深化水利改革，创新发展体制机制，加快完善水法规体系，注重科技创新的关键作用，着力加强水利信息化建设，力争在重大科学问题和关键技术方面取得新突破。

## 第三节　我国水利工程管理总体思路和战略框架

水利现代化是一个国家现代化的重要环节、保障和支撑，是一个需要进步发展的进程。它的建设标志着从传统的水利向现代的水利进行的一场变革。水利工程管理现代化适应了经济现代化、社会现代化、水利现代化的客观要求，它要求我们建立科学的水利工程管理体系。

首先，作为水利现代化的重要构成，水利工程管理的总体发展思路可归纳为以下几个核心基点：

1. 针对我国水利事业发展需要，建设高标准、高质量的水利工程设施。

2. 根据我国水利工程设施，研究制定科学的、先进的，适应市场经济体制的水利工程管理体系。

3. 针对工程设施及各级工程管理单位，建立一套高精尖的监控调度手段。

4. 打造出一支高素质、高水平、具有现代思想意识的管理团队。依据上述发展思路的核心基点，各级水利部门应紧紧把握水利改革发展战略机遇，推动中央决策部署落到实处，为经济社会长期平稳较快发展奠定更加坚实的水利基础。基于此，依据水利部现有战略框架和工作思路，水利工程管理应继续紧密围绕以下十个重点领域下足功夫开展工作，这就形成了水利工程管理的战略框架：

1. 立足推进科学发展，在搞好水利顶层设计上下功夫；
2. 不断完善治水思路，在转变水利发展方式上下功夫；
3. 践行以人为本理念，在保障和改善民生上下功夫；
4. 落实治水兴水政策，在健全水利投入机制上下功夫；
5. 围绕保障粮食安全，在强化农田水利建设上下功夫；
6. 着眼提升保障能力，在加快薄弱环节建设上下功夫；
7. 优化水资源配置，在推进河湖水系连通上下功夫；
8. 严格水资源管理，在全面建设节水型社会上下功夫；
9. 加强工程建设和运行管理，在构建良性机制上下功夫；
10. 强化行业能力建设，在夯实水利发展基础上下功夫。

## 第四节　我国水利工程管理发展战略设计

依据上述提出的我国水利工程管理的指导思路、基本原则、发展思路和战略框架，特别是党的十八大，十八届三中、四中，五中、六中全会的重要精神以及习近平总书记提出的“节水优先、空间均衡、系统治理、两手发力”水利发展总体战略思想，我们提出新时期中国水利工程管理发展战略的二十四字现代化方针：“顶层规划、系统治理、安全为基、生态先行、绩效约束、智慧模式。”

### 一、顶层规划，建立协调一致的现代化统筹战略

为适应新常态下我国社会经济发展的全新特征和未来趋势，水利工程管理必须首先建立统一的战略部署机制和平台系统，明确整个产业系统的置顶规划体系和行为准则，确保全行业具有明确化和一致性的战略发展目标，协调稳步的推进可持续发展路径。

在战略构架上要突出强调思想上统一认识，突出置顶性规划的重要性，高度重视系统性的规划工作，着眼于当前社会经济发展的新常态，放眼于未来“十三五”时期乃至更长远的发展阶段，立足于保障国民经济可持续发展和基础性民生需求，依托于整体与区位、资源与环境、平台与实体的多元化优势，建立具有长效性、前瞻性和可操作性的发展战略规划，通过科学制定的发展目标，规划路径和实施准则，推进水利工程管理的各项社会事业快速、健康、全面地发展。

在战略构架上要突出强调目标的明确性和一致性，建立统筹有序、协调一致的行业发展规划，配合国家宏观发展的战略决策以及水利系统发展的战略部署，明确水利工程管理的近期目标、中期目标、长期目标，突出不同阶段、不同区域的工作重点，确保未来的工作实施能够有的放矢、协同一致，高效管控和保障建设资金募集和使用的协调性和可持续性，最大限度发挥政策效应的合力，避免因目标不明确和行为不一致导致实际工作进程的曲折反复和输出效果的大起大落。

在战略布局上要突出强调多元化发展路径，为应对全球经济危机后续影响的持续发酵以及我国未来发展路径中可能的突发性问题，水利工程管理战略也应注重多元化发展目标和多业化发展模式，着力解决行业发展进程与国家宏观经济政策以及市场机制的双重协调性问题，顺应国家发展趋势，把握市场机遇，通过强化主营业务模式与拓展产业领域延伸的并举战略，提高行业防范和化解风险的能力。

在战略实施上要突出强调对重点问题的实施和管控方案，强调创新管理机制和人才发展战略，通过全行业的技术进步和效率提升，缓解和消除行业发展的瓶颈，彻底改变传统“重建轻管”的水利建设发展模式，同时，发展、引进和运用科学的管理模式和管理技术，协调企业内部管控机构，灵活应对市场变化。通过管理创新和规范化的管理，使企业的市场开拓和经营活动由被动变为主动。

## 二、系统治理，侧重供给侧发力的现代化结构性战略

积极响应党的十八届三中全会《决定》关于“推进国家治理体系和治理能力现代化”的要求，加大水利工程管理重点领域和关键环节的改革攻坚力度，着力构建系统完备、科学规范、运行有效的管理体制和机制。坚持推广“以水定城、以水定地、以水定人、以水定产”的原则，树立“量水发展”“安全发展”理念，科学合理规划水资源总量性约束指标，充分保障生态用水。

把进一步深化改革放在首要位置，积极推进相关制度建设，全面落实各项改革举措，明晰管理权责，完善许可制度，推动平台建设，加强运行监管，创新投融资机制，完善建设基金管理制度，通过市场机制多渠道筹集资金，鼓励和引导社会资本参与水利工程建设运营。按照“确有需要、生态安全、可以持续”的原则，在科学论证的前提下，加快推进重大水利工程的高质量管理进程，将先进的管理理念渗入水利基础设施、饮水安全工作、农田水利建设、河塘整治等各个工程建设环节，进一步强化薄弱环节管控，构建适应时代发展和人民群众需求的水安全保障体系，努力保障基本公共服务产品的持续性供给，保障国家粮食安全、经济安全和居民饮水安全、社会安全，突出抓好民生水利工程管理。

充分发挥市场在资源配置中的决定性作用，合理规划和有序引导民间资本与政府合作的经营管理模式，充分调动市场的积极性和创造力。同时注重创新的引领和辐射作用，推进相关政策的创新、试点和推广，稳步保障水利工程管理能力不断强化，积极促进水利工程管理体系再上新台阶。

## 三、安全为基，支撑国民经济的现代化保障性战略

水是生命之源、生产之要、生态之基。水利是现代化建设不可或缺的首要条件，是经济社会发展不可替代的基础支撑，是生态环境保护不可分割的保障系统。水利工程管理战略应高度重视我国水安全形势，将“水安全”问题作为工程管理战略规划的基石，下大力气保障水资源需求的可持续供给，坚定不移地为国民经济的现代化提供切实保障。

水利工程应以资源利用为核心实行最严格水管理制度，全面推进节水型建设模式，着力促进经济社会发展与水资源承载能力相协调，以水资源开发利用控制、用水效率控制、水功能区限制纳污“三条红线”为基准建立定量化管理标准。

将水安全的考量范围扩展到防洪安全、供水安全、粮食安全、经济安全、生态安全、国家安全等系统性安全层次，确保在我国全面建成小康社会和全面深化改革的攻坚时期，全面落实中央水利工作方针、有效破解水资源紧缺问题、提升国家水安全保障能力、加快推进水利现代化，保障国家经济可持续发展。

## 四、生态先行，倡导节能环保的现代化可持续战略

认真审视并高度重视水利工程对生态环境的重要甚至决定性影响，确保未来水利工程管理理念必须以生态环境作为优先考量的视角，加强水生态文明建设，坚持保护优先、停止破坏与治理修复相结合，积极推进水生态文明建设步伐。

尽快建立、健全和完善相关的法律体系和行业管理制度，理顺监管体系、厘清职责权限，将水生态建设的一切事务纳入法治化轨道，组成“可持续发展”综合决策领导机构，行使讨论、研究和制订相应范围内的发展规划、战略决策，组织研制和实施中国水利生态现代化发展路径图。规划务必在深入调查的基础上，切实结合地域资源综合情况，量力而行，杜绝贪大求快，力求正确决策、系统规划、稳步和谐地健康发展。

努力协调完善机构机能，保证工程高质量运行。完善发展战略及重大建设项目立项、听证和审批程序。注重做好各方面、各领域环境动态调查监测、分析、预测，善于将科学、建设性的实施方案变为正确的和高效的管理决策，在实际工作中不是以单纯的自然生态保护作为考量标准，而是努力建立和完善社会生态体系的和谐共进，不失时机地提

高综合社会生态体系决策体系的机构和功能。

从源头入手解决发展与环境的冲突，努力完成现代化模式的生态转型，实现水环境管理从“应急反应型”向“预防创新型”的战略转变。控制和降低新增的环境污染。继续实施污染治理和传统工业改造工程，清除历史遗留的环境污染。积极促进生态城市、生态城区、生态园区和生态农村建设。努力打造水利生态产业、水利环保产业和水利循环经济产业。着力实现水利生态发展与城市生态体系、工业生态体系以及农业生态体系的融合。

## 五、绩效约束，实现效益最大化的现代化管理战略

根据《中华人民共和国预算法》及财政部《中央级行政经费项目支出绩效：考评管理办法（试行）》《中央部门预算支出绩效考评管理办法（试行）》以及国家有关财务规章制度，积极推进建立绩效约束机制，通过科学化、定量化的绩效目标和考核机制完善企业的现代化管理模式，以绩效目标为约束，以绩效指标为计量，确保行业和企业持续健康地沿效益最大化路径发展。

基于调查研究和科学论证，建立水利工程管理的绩效目标和相关指标，绩效目标突出对预算资金的预期产出和效果的综合反映，绩效指标强调对绩效目标的具体化和定量化，绩效目标和指标均能够符合客观实际，指向明确，具有合理性和可行性，且与实际任务和经费额度相匹配。绩效目标和绩效指标要综合考量财务、计划信息、人力资源部等多元绩效表现，并注重经济性、效率性和效益型的有机结合，组织编制预算，进行会计核算，按照预算目标进行支付；组织制定战略目标，对战略目标进行分解和过程控制，对经营结果进行分析和评判；设计绩效考核方案，组织绩效辅导，按照考核指标进行考核。确保在“十三五”乃至未来更长的发展阶段实现绩效约束的管理战略的有序推进、深化拓展和不断完善，实现由从事后静态评估向事前的动态管理转换，由资金分配向企业发展转换，由主观判断向定量衡量转换，由单纯评价向价值创造转换，由个体评价向协同管理转换。倒逼责任到岗、权力归位，目标清晰、行动一致，以绩效约束的方式实现现代化治理体系和管理能力，推进企业经济效益、社会效益的最大化。

## 六、智慧模式，促进跨越式发展的现代化创新战略

顺应世界发展大趋势，加速推进水利工程管理的智能化，打造水利工程的智慧发展模式，推动经济社会的重要变革。以“统筹规划、资源共享、面向应用、依托市场、深入创新，保障安全”为综合目标，以深化改革为核心动力，在水利工程领域努力实现信息、网络、应用、技术和产业的良性互动，通过高效能的信息采集处理、大数据

挖掘、互联网模式以及物网融合技术，实现资源的优化配置和产业的智慧发展模式，最终实现水利工程高效地服务于国民经济，高效地惠及全体民众。

首先，加快建成水利工程管理的“信息高速公路”，以移动互联为主体，实现水利工程管理的全产业信息化途径，加快信息基础设施演进升级，实现宽带连接的大幅提速，探索下一代互联网技术革新和实际应用，建立水利工程管理的物联网体系，着力提升信息安全保障能力，促进“信息高速公路”搭载水利工程产业安全、高效地发展。其次，创建水利工程的大数据经济新业态，加快开发、建设和实现大数据相关软件、数据库和规则体系，结合云计算技术与服务，加快水利工程管理数据采集、汇总与分析，基于现实应用提供具有水利行业特色的系统集成解决方案和数据分析服务，面向市场经济，利用产业发展引导社会资金和技术流向，加速推进大数据示范应用。

再次，打造水利工程管理的全新“互联网 +”发展模式。促进网络经济模式与实体产业发展的协调融合，基于互联网新型思维模式，推进业务模式创新和管理模式创新，积极创新管理运营业态和模式。促进产业技术升级，增加产业的供给效率和供给能力，利用互联网的精准营销技术，开创惠民服务机制，构建优质高效的公共服务信息平台。

最终，实现智能水利工程发展模式。基于信息技术革命、产业技术升级和管理理念创新，大力发展数据监测、处理、共享与分析，努力实现产业决策及行业解决方案的科学化和智能化。加快构建水利工程管理单位对于水利程管理的智慧化体系，完善智能水利工程的发展环境，面向水利工程管理对象以及社会经济服务对象，实现全产业链的智能检测、规划、建设、管理和服务。

# 第七章　水利工程项目施工组织管理

## 第一节　水利工程施工组织概述

随着人类社会在经济、技术、社会和文化等各方面的发展，建设工程项目管理理论与知识体系的逐渐完善，进入21世纪以后，在工程项目管理方面出现了以下新的发展趋势。

### 一、建设工程项目管理的国际化

随着经济全球化的逐步深入，工程项目管理的国际化已经形成潮流。工程项目的国际化要求项目按国际惯例进行管理。按国际惯例就是依照国际通用的项目管理程序、准则与方法以及统一的文件形式进行项目管理，使参与项目的各方（不同国家、不同种族、不同文化背景的人及组织）在项目实施中建立起统一的协调基础。

我国加入世界贸易组织（WTO）后，我国的行业壁垒下降、国内市场国际化、国内外市场全面融合，外国工程公司利用其在资本、技术、管理、人才、服务等方面的优势进入我国国内市场，尤其是工程总承包市场，国内建设市场竞争日趋激烈。工程建设市场的国际化必然导致工程项目管理的国际化，这对我国工程管理的发展既是机遇也是挑战。一方面，随着我国改革开放的步伐加快，我国经济日益深刻地融入全球市场，我国的跨国公司和跨国项目越来越多。许多大型项目要通过国际招标、国际咨询或BOT等方式运行。这样做不仅可以从国际市场上筹措到资金，加快国内基础设施、能源交通等重大项目的建设，而且可以从国际合作项目中学习到发达国家工程项目管理的先进管理制度与方法。另一方面，入世后根据最惠国待遇和国民待遇准则，我国将获得更多的机会，并能更加容易地进入国际市场。加入WTO后，作为一名成员国，我国的工程建设企业可以与其他成员国企业拥有同等的权利，并享有同等的关税减免待遇，将有更多的国内工程公司从事国际工程承包，并逐步过渡到工程项目自由经营。国内企业可以走出国门在海外投资和经营项目，也可在海外工程建设市场上竞争，锻炼队伍培养人才。

## 二、建设工程项目管理的信息化

伴随着计算机和互联网走进人们的工作与生活，以及知识经济时代的到来，工程项目管理的信息化已成必然趋势。作为当今更新速度最快的计算机技术和网络技术在企业经营管理中普及应用的速度迅猛，而且呈现加速发展的态势。这给项目管理带来很多新的生机，在信息高度膨胀的今天，工程项目管理越来越依赖于计算机和网络，无论是工程项目的预算、概算、工程的招标与投标、工程施工图设计、项目的进度与费用管理、工程的质量管理、施工过程的变更管理、合同管理，还是项目竣工决算都离不开计算机与互联网，工程项目的信息化已成为提高项目管理水平的重要手段。目前西方发达国家的一些项目管理公司已经在工程项目管理中运用了计算机与网络技术，开始实现了项目管理网络化、虚拟化。另外，许多项目管理公司也开始大量使用工程项目管理软件进行项目管理，同时还从事项目管理软件的开发研究工作。为此，21 世纪的工程项目管理将更多地依靠计算机技术和网络技术，新世纪的工程项目管理必将成为信息化管理。

## 三、建设工程项目全寿命周期管理

建设工程项目全寿命周期管理就是运用工程项目管理的系统方法、模型、工具等对工程项目相关资源进行系统的集成，对建设工程项目寿命期内各项工作进行有效的整合，并达成工程项目目标和实现投资效益最大化的过程。

建设工程项目全寿命周期管理是将项目决策阶段的开发管理，实施阶段的项目管理和使用阶段的设施管理集成为一个完整的项目全寿命周期管理系统，是对工程项目实施全过程的统一管理，使其在功能上满足设计需求，在经济上可行，达到业主和投资人的投资收益目标。所谓项目全寿命周期是指从项目前期策划、项目目标确定，直至项目终止、临时设施拆除的全部时间年限。建设工程项目全寿命周期管理既要合理确定目标、范围、规模、建筑标准等，又要使项目在既定的建设期限内，在规划的投资范围内，保质保量地完成建设任务，确保所建设的工程项目满足投资商、项目的经营者和最终用户的要求；还要在项目运营期间，对永久设施物业进行维护管理、经营管理，使工程项目尽可能创造最大的经济效益。这种管理方式是工程项目更加面对市场，直接为业主和投资人服务的集中体现。

## 四、建设工程项目管理专业化

现代工程项目投资规模大、应用技术复杂、涉及领域多、工程范围广泛的特点，带来了工程项目管理的复杂性和多变性，对工程项目管理过程提出了更新更高的要求。因此，专业化的项目管理者或管理组织应运而生。在项目管理专业人士方面，通过 IPMP（国际项目管理专业资质认证）和 PMP（国际资格认证）认证考试的专业人员就是一种形式。在我国工程项目领域的执业咨询工程师、监理工程师、造价工程师、建造师，以及在设计过程中的建设工程师、结构工程师等，都是工程项目管理人才专业化的形式。而专业化的项目管理组织——工程项目（管理）公司是国际工程建设界普遍采用的一种形式。除此之外，工程咨询公司、工程监理公司、工程设计公司等也是专业化组织的体现。可以预见，随着工程项目管理制度与方法的发展，工程管理的专业化水平还会有更大的提高。

# 第二节　水利工程施工项目管理

## 一、建立施工项目管理组织

项目经理作为企业法人代表的代理人，对工程项目施工全面负责，一般不准兼管其他工程，当其负责管理的施工项目临近竣工阶段且经建设单位同意，可以兼任另一项工程的项目管理工作。项目经理通常由企业法人代表委派或组织招聘等方式确定。项目经理与企业法人代表之间需要签订工程承包管理合同，明确工程的工期、质量、成本、利润等指标要求和双方的责、权、利以及合同中止处理、违约处罚等项内容。

项目经理以及各有关业务人员组成、人数根据工程规模大小而定。各成员由项目经理聘任或推荐确定，其中技术、经济、财务主要负责人需经企业法人代表或其授权部门同意。项目领导班子成员除了直接受项目经理领导，实施项目管理方案外，还要按照企业规章制度接受企业主管职能部门的业务监督和指导。

项目经理应有一定的职责，如贯彻执行国家和地方的法律、法规；严格遵守财经制度、加强成本核算；签订和履行“项目管理目标责任书”；对工程项目施工进行有效控制等。项目经理应有一定的权力，如参与投标和签订施工合同；用人决策权；财务决策权；进度计划控制权；技术质量决定权；物资采购管理权；现场管理协调权等。项目经理还应获得一定的利益，如物质奖励及表彰等。

## 二、项目经理的地位

项目经理是项目管理实施阶段全面负责的管理者，在整个施工活动中有举足轻重的地位。确定施工项目经理的地位是搞好施工项目管理的关键。

从企业内部看，项目经理是施工项目实施过程中所有工作的总负责人，是项目管理的第一责任人。从对外方面来看，项目经理代表企业法定代表人在授权范围内对建设单位直接负责。由此可见，项目经理既要对有关建设单位的成果性目标负责，又要对建筑业企业的效益性目标负责。

项目经理是协调各方面关系，使之相互紧密协作与配合的桥梁与纽带。要承担合同责任、履行合同义务、执行合同条款、处理合同纠纷、受法律的约束和保护。

项目经理是各种信息的集散中心。通过各种方式和渠道收集有关的信息，并运用这些信息，达到控制的目的，使项目获得成功。

项目经理是施工项目责、权、利的主体。这是因为项目经理是项目中人、财、物、技术、信息和管理等所有生产要素的管理人。项目经理首先是项目的责任主体，是实现项目目标的最高责任者。责任是实现项目经理责任制的核心，它构成了项目经理工作的压力，也是确定项目经理权力和利益的依据。其次，项目经理必须是项目的权力主体。权力是确保项目经理能够承担起责任的条件和手段。如果不具备必要的权力，项目经理就无法对工作负责。项目经理还必须是项目利益的主体。利益是项目经理工作的动力。如果没有一定的利益，项目经理就不愿负相应的责任，难以处理好国家、企业和职工的利益关系。

## 三、项目经理的任职要求

项目经理的任职要求包括执业资格的要求、知识方面的要求、能力方面的要求和素质方面的要求。

### （一）执业资格的要求

项目经理的资质分为一、二、三、四级。其中：

1. 一级项目经理应担任过一个一级建筑施工企业资质标准要求的工程项目，或两个二级建筑施工企业资质标准要求的工程项目施工管理工作的主要负责人，并已取得国家认可的高级或者中级专业技术职称。

2. 二级项目经理应担任过两个工程项目，其中至少一个为二级建筑施工企业资质标准要求的工程项目施工管理工作的主要负责人，并已取得国家认可的中级或初级专业技术职称。

3. 三级项目经理应担任过两个工程项目，其中至少一个为三级建筑施工企业资质标准要求的工程项目施工管理工作的主要负责人，并已取得国家认可的中级或初级专业技术职称。

4. 四级项目经理应担任过两个工程项目，其中至少一个为四级建筑施工企业资质标准要求的工程项目施工管理工作的主要负责人，并已取得国家认可的初级专业技术职称。

项目经理承担的工程规模应符合相应的项目经理资质等级。一级项目经理可承担一级资质建筑施工企业营业范围内的工程项目管理；二级项目经理可承担二级以下（含二级）建筑施工企业营业范围内的工程项目管理；三级项目经理可承担三级以下（含三级）建筑企业营业范围内的工程项目管理；四级项目经理可承担四级建筑施工企业营业范围内的工程项目管理。

项目经理每两年接受一次项目资质管理部门的复查。项目经理达到上一个资质等级条件的，可随时提出升级的要求。

在过渡期内，大、中型工程项目施工的项目经理逐渐由取得建造师执业资格人员担任，小型工程项目施工的项目经理可由原三级项目经理资质的人员担任。即在过渡期内，凡持有项目经理资质证书或建造师注册证书的人员，经企业聘用均可担任工程项目施工的项目经理。过渡期满后，大、中型工程项目施工的项目经理必须由取得建造师注册证书的人员担任。取得建造师执业资格的人员是否能聘用为项目经理由企业来决定。

### （二）知识方面的要求

通常项目经理应接受过大专、中专以上相关专业的教育，必须具备专业知识，如土木工程专业或其他专业工程方面的专业，一般应是某个专业工程方面的专家，否则很难被人们接受或很难开展工作。项目经理还应受过项目管理方面的专门培训或再教育，掌握项目管理的知识。作为项目经理需要广博的知识，能迅速解决工程项目实施过程中遇到的各种问题。

### （三）能力方面的要求

项目经理应具备以下几方面的能力：

1. 必须具有一定的施工实践经历和按规定经过一段实践锻炼，特别是对同类项目有成功的经历。对项目工作有成熟的判断能力、思维能力和随机应变的能力。

2. 具有很强的沟通能力、激励能力和处理人事关系的能力，项目经理要靠领导艺术、影响力和说服力而不是靠权力和命令行事。

3. 有较强的组织管理能力和协调能力。能协调好各方面的关系，能处理好与业主的关系。

4. 有较强的语言表达能力，有谈判技巧。

5. 在工作中能发现问题，提出问题，能够从容地处理紧急情况。

### （四）素质方面的要求

1. 项目经理应注重工程项目对社会的贡献和历史作用。在工作中能注重社会公德，保证社会的利益，严守法律和规章制度。

2. 项目经理必须具有良好的职业道德，将用户的利益放在第一位，不牟私利，必须有工作的积极性、热情和敬业精神。

3. 具有创新精神，务实的态度，勇于挑战，勇于决策，勇于承担责任和风险。

4. 敢于承担责任，特别是有敢于承担错误的勇气，言行一致，正直，办事公正、公平，实事求是。

5. 能承担艰苦的工作，任劳任怨，忠于职守。

6. 具有合作的精神，能与他人共事，具有较强的自我控制能力。

## 四、项目经理的责、权、利

### （一）项目经理的职责

1. 贯彻执行国家和地方政府的法律制度，维护企业的整体利益和经济利益。法规和政策，执行建筑业企业的各项管理制度。

2. 严格遵守财经制度，加强成本核算，积极组织工程款回收，正确处理国家、企业和项目及单位个人的利益关系。

3. 签订和组织履行“项目管理目标责任书”，执行企业与业主签订的“项目承包合同”中由项目经理负责履行的各项条款。

4. 对工程项目施工进行有效控制，执行有关技术规范和标准，积极推广应用新技术、新工艺、新材料和项目管理软件集成系统，确保工程质量和工期，实现安全、文明生产，努力提高经济效益。

5. 组织编制施工管理规划及目标实施措施，组织编制施工组织设计并实施。

6. 根据项目总工期的要求编制年度进度计划，组织编制施工季（月）度施工计划，包括劳动力、材料、构件及机械设备的使用计划，签订分包及租赁合同并严格执行。

7. 组织制定项目经理部各类管理人员的职责和权限、各项管理制度，并认真贯彻执行。

8. 科学地组织施工和加强各项管理工作。做好内、外各种关系的协调，为施工创造优越的施工条件。

9. 做好工程竣工结算，资料整理归档，接受企业审计并做好项目经理部解体与善后工作。

### （二）项目经理的权力

为了保证项目经理完成所担负的任务，必须授予相应的权力。项目经理应当有以下权力：

1. 参与企业进行施工项目的投标和签订施工合同。

2. 用人决策权。项目经理应有权决定项目管理机构班子的设置，选择、聘任班子内成员，对任职情况进行考核监督、奖惩，乃至辞退。

3. 财务决策权。在企业财务制度规定的范围内，根据企业法定代表人的授权和施工项目管理的需要，决定资金的投入和使用，决定项目经理部的计酬方法。

4. 进度计划控制权。根据项目进度总目标和阶段性目标的要求，对项目建设的进度进行检查、调整，并在资源上进行调配，从而对进度计划进行有效的控制。

5. 技术质量决策权。根据项目管理实施规划或施工组织设计，有权批准重大技术方案和重大技术措施，必要时召开技术方案论证会，把好技术决策关和质量关，防止技术上决策失误，主持处理重大质量事故。

6. 物资采购管理权。按照企业物资分类和分工，对采购方案、目标、到货要求，以及对供货单位的选择、项目现场存放策略等进行决策和管理。

7. 现场管理协调权。代表公司协调与施工项目有关的内外部关系，有权处理现场突发事件，事后及时报公司主管部门。

### （三）项目经理的利益

施工项目经理最终的利益是其行使权力和承担责任的结果，也是市场经济条件下责、权、利、效相互统一的具体体现。项目经理应享有以下利益：

1. 获得基本工资、岗位工资和绩效工资。

2. 在全面完成“项目管理目标责任书”确定的各项责任目标，交工验收交结算后，接受企业考核和审计，可获得规定的物质奖励外，还可获得表彰、记功、优秀项目经理等荣誉称号和其他精神奖励。

3. 经考核和审计，未完成“项目管理目标责任书”确定的责任目标或造成亏损的，按有关条款承担责任，并接受经济或行政处罚。

项目经理责任制是指以项目经理为主体的施工项目管理目标责任制度，用以确保项目履约，用以确立项目经理部与企业、职工三者之间的责、权、利关系。项目经理开始工作之前由建筑业企业法人或其授权人与项目经理协商、编制“项目管理目标责任书”，双方签字后生效。

项目经理责任制是以施工项目为对象，以项目经理全面负责为前提，以“项目管理目标责任书”为依据，以创优质工程为目标，以求得项目的最佳经济效益为目的，实行的一次性、全过程的管理。

## 五、项目经理责任制的特点

### （一）项目经理责任制的作用

实行项目管理必须实现项目经理责任制。项目经理责任制是完成建设单位和国家对建筑业企业要求的最终落脚点。因此，必须规范项目管理，通过强化建立项目经理全面组织生产诸要素优化配置的责任、权力、利益和风险机制，更有利于对施工项目、工期、质量、成本、安全等各项目标实施强有力的管理，使项目经理有动力和压力，也有法律依据。

（二）项目经理责任制的特点

1. 对象终一性

以工程施工项目为对象，实行施工全过程的全面一次性负责。

2. 主体直接性

在项目经理负责的前提下，实行全员管理，指标考核、标价分离、项目核算，确保上缴集约增效、超额奖励的复合型指标责任制。

3. 内容全面性

根据先进、合理、可行的原则，以保证工程质量、缩短工期、降低成本、保证安全和文明施工等各项指标为内容的全过程的目标责任制。

4. 责任风险性

项目经理责任制充分体现了“指标突出、责任明确、利益直接、考核严格”的基本要求。

## 六、项目经理部的作用

项目经理部是施工项目管理的工作班子，置于项目经理的领导之下。在施工项目管理中有以下作用：

1. 项目经理部在项目经理的领导下，作为项目管理的组织机构，负责施工项目从开工到竣工的全过程施工生产的管理，是企业在某一工程项目上的管理层，同时对作业层负有管理与服务的双重职能。

2. 项目经理部是项目经理的办事机构，为项目经理决策提供信息依据，当好参谋。同时又要执行项目经理的决策意图，向项目经理负责。

3. 项目经理部是一个组织体，其作用包括：完成企业所赋予的基本任务——项目管理与专业管理等。要具有凝聚管理人员的力量并调动其积极性，促进管理人员的合作；协调部门之间、管理人员之间的关系，发挥每个人的岗位作用；贯彻项目经理责任制，搞好管理；做好项目与企业各部门之间、项目经理部与作业队之间、项目经理部与建设单位、分包单位、材料和构件供方等的信息沟通。

4. 项目经理部是代表企业履行工程承包合同的主体，对项目产品和业主全面、全过程负责；通过履行合同主体与管理实体地位的影响力，使每个项目经理部成为市场竞争的成员。

## 七、项目经理部建立原则

1. 要根据所选择的项目组织形式设置项目经理部。不同的组织形式对施工项目管理部的管理力量和管理职责提出了不同的要求，同时也提供了不同的管理环境。

2. 要根据施工项目的规模、复杂程度和专业特点设置项目经理部。项目经理部规模大、中、小的不同，职能部门的设置相应不同。

3. 项目经理部是一个弹性的、一次性的管理组织，应随工程任务的变化而进行调整。工程交工后项目经理部应解体，不应有固定的施工设备及固定的作业队伍。

4. 项目经理部的人员配置应面向施工现场，满足施工现场的计划与调度、技术与质量、成本与核算、劳务与物资、安全与文明施工的需要，而不应设置研究与发展、政工与人事等与项目施工关系较少的非生产性管理部门。

5. 应建立有益于组织运转的管理制度。

## 八、项目经理部的机构设置

项目经理部的部门设置和人员的配置与施工项目的规模和项目的类型有关，要能满足施工全过程的项目管理，成为全体履行合同的主体。

项目经理部一般应建立工程技术部、质量安全部、生产经营部、物资（采购）部及综合办公室等。复杂及大型的项目还可设机电部。项目经理部人员由项目经理、生产或经营副经理、总工程师及各部门负责人组成。管理人员持证上岗。一级项目部由 30 ~ 45 人组成，二级项目部由 20 ~ 30 人组成，三级项目部由 10 ~ 20 人组成，四级项目部由 5 ~ 10 人组成。

项目经理部的人员实行一职多岗、一专多能、全部岗位职责覆盖项目施工全过程的管理，不留死角，以避免职责重叠交叉，同时实行动态管理，根据工程的进展，调整项目的人员组成。

## 九、施工项目的合同管理

由于施工项目管理是在市场条件下进行的特殊交易活动的管理，这种交易活动从投标开始，持续于项目实施的全过程，因此必须依法签订合同。合同管理的好坏直接关系到项目管理及工程施工技术经济效果和目标的实现，因此要严格执行合同条款约定，进行履约经营，保证工程项目顺利进行。合同管理势必涉及国内和国际上有关法规和合同文本、合同条件，在合同管理中应予以高度重视。为了取得更多的经济效益，还必须重视索赔，研究索赔方法、策略和技巧。

## 十、施工项目的信息管理

项目信息管理旨在适应项目管理的需要，为预测未来和正确决策提供依据，提高管理水平。项目经理部应建立项目信息管理系统，优化信息结构，实现项目管理信息化。项目信息包括项目经理部在项目管理过程中形成的各种数据、表格、图纸、文字、音像资料等。项目经理部应负责收集、整理、管理本项目范围内的信息。项目信息收集应随工程的进展进行，保证真实、准确。

施工项目管理是一项复杂的现代化的管理活动，要依靠大量信息及对大量信息进行管理。进行施工项目管理和施工项目目标控制、动态管理，必须依靠计算机项目信息管理系统，获得项目管理所需要的大量信息，并使信息资源共享。另外要注意信息的收集与储存，使本项目的经验和教训得到记录和保留，为以后的项目管理提供必要的资料。

## 十一、组织协调

组织协调是指以一定的组织形式、手段和方法，对项目管理中产生的关系不畅进行疏通，对产生的干扰和障碍进行排出的活动。

1. 协调要依托一定的组织、形式的手段。

2. 协调要有处理突发事件的机制和应变能力。

3. 协调要为控制服务，协调与控制的目的，都是保证目标实现。

## 第三节　水利工程建设项目管理模式

建设项目管理模式对项目的规划、控制、协调起着重要的作用。不同的管理模式有不同的管理特点。目前国内外较为常用的建设工程项目管理模式有：工程建设指挥部模式、传统管理模式、建筑工程管理模式（CM 模式）、设计—采购—建造（EPC）交钥匙模式、BOT（建造—运营—移交）模式、设计—管理模式、管理承包模式、项目管理模式、更替型合同模式（NC 模式）。其中工程建设指挥部模式是我国计划经济时期最常采用的模式，在今天的市场经济条件下，仍有相当一部分建设工程项目采用这种模式。国际上通常采用的模式是后面的八大管理模式，在八大管理模式中，最常采用的是传统管理模式，目前世界银行、亚洲开发银行以及国际其他金融组织贷款的建设工程项目，包括采用国际惯例 FIDIC（国际咨询工程师联合会）合同条件的建设工程项目均采用这种模式。

### 一、工程建设指挥部模式

工程建设指挥部是我国计划经济体制下，大中型基本建设项目管理所采用的一种模式，它主要是以政府派出机构的形式对建设项目的实施进行管理和监督，依靠的是指挥部领导的权威和行政手段，因而在行使建设单位的职能时有较大的权威性，决策、指挥直接有效。尤其是有效地解决征地、拆迁等外部协调难题，以及在建设工期要求紧迫的情况下，能够迅速集中力量，加快工程建设进度。但是由于工程建设指挥部模式采用纯行政手段来管理技能管理活动，存在着以下弊端。

#### （一）工程建设指挥部缺乏明确的经济责任

工程建设指挥部不是独立的经济实体，缺乏明确的经济责任。政府对工程建设指挥部没有严格、科学的经济约束，指挥部拥有投资建设管理权，却对投资的使用和回收不承担任何责任。也就是说，作为管理决策者，却不承担决策风险。

#### （二）管理水平低，投资效益难以保证

工程建设指挥部中的专业管理人员是从本行业相关单位抽调并临时组成的团队，应有的专业人员素质难以保障。而当他们在工程建设过程中积累了一定经验之后，又随着工程项目的建成而转入其他工程岗位。以后即使是再建设新项目，也要重新组建工程建设指挥部。为此，导致工程建设的管理水平难以提高。

### （三）忽视了管理的规划和决策职能

工程建设指挥部采用行政管理手段，甚至采用军事作战的方式来管理工程建设，而不善于利用经济的方式和手段。它着重于工程的实现，而忽视了工程建设投资、进度、质量三大目标之间的对立统一关系。它努力追求工程建设的进度目标，却往往不顾投资效益和对工程质量的影响。

由于这种传统的建设项目管理模式自身的先天不足，使得我国工程建设的管理水平和投资效益长期得不到提高，建设投资和质量目标的失控现象也在许多工程中存在。随着我国社会主义市场经济体制的建立和完善，这种管理模式将逐步为项目法人责任制所替代。

## 二、传统管理模式

传统管理模式又称为通用管理模式。采用这种管理模式，业主通过竞争性招标将工程施工的任务发包给或委托给报价合理和最具有履约能力的承包商或工程咨询、工程监理单位，并且业主与承包商、工程师签订专业合同。承包商还可以与分包商签订分包合同。涉及材料设备采购的，承包商还可以与供应商签订材料设备采购合同。

这种模式形成于19世纪，目前仍然是国际上最为通用的模式，世界银行贷款、亚洲开发银行贷款项目和采用国际咨询工程师联合会（FIDIC）的合同条件的项目均采用这种模式。

传统管理模式的优点是：由于应用广泛，因而管理方法成熟，各方对有关程序比较熟悉；可自由选择设计人员，对设计进行完全控制；标准化的合同关系；可自由选择咨询人员；采用竞争性投标。

传统管理模式的缺点是：项目周期长，业主的管理费用较高；索赔和变更的费用较高；在明确整个项目的成本之前投入较大。此外，由于承包商无法参与设计阶段的工作，设计的“可施工性”较差，当出现重大的工程变更时，往往会降低施工的效率，甚至造成工期延误等。

## 三、建筑工程管理模式（CM模式）

采用建筑工程管理模式，是以项目经理为特征的工程项目管理方式，是从项目开始阶段就由具有设计、施工经验的咨询人员参与到项目实施过程中来，以便为项目的设计、施工等方面提供建议。为此，又称为“管理咨询方式”。

与传统的管理模式相比较，建筑工程管理模式具有的主要优点有以下几个方面。

### （一）设计深度到位

由于承包商在项目初期（设计阶段）就任命了项目经理，他可以在此阶段充分发挥自己的施工经验和管理技能，协同设计班子的其他专业人员一起做好设计，提高设计质量，为此，其设计的“可施工性”好，有利于提高施工效率。

### （二）缩短建设周期

由于设计和施工可以平行作业，并且设计未结束便开始招标投标，使设计施工等环节得到合理链接，可以节省时间，缩短工期，可提前运营，提高投资效益。

## 四、设计—采购—建造（EPC）交钥匙模式

EPC 模式是从设计开始，经过招标，委托一家工程公司对“设计—采购—建造”进行总承包，采用固定总价或可调总价合同方式。

EPC 模式的优点是：有利于实现设计、采购、施工各阶段的合理交叉和融合，提高效率，降低成本，节约资金和时间。

EPC 模式的缺点是：承包商要承担大部分风险，为减少双方风险，一般均在基础工程设计完成、主要技术和主要设备均已确定的情况下进行承包。

## 五、BOT 模式

BOT 模式即建造—运营—移交模式，是指东道国政府开放本国基础设施建设和运营市场，吸收国外资金、本国私人或公司资金，授给项目公司特许权，由该公司负责融资和组织建设，建成后负责运营及偿还贷款。在特许期满时将工程移交给东道国政府。

BOT 模式作为一种私人融资方式，其优点是：可以开辟新的公共项目资金渠道，弥补政府资金的不足，吸收更多投资者；减轻政府财政负担和国际债务，优化项目，降低成本；减少政府管理项目的负担；扩大地方政府的资金来源，引进外国的先进技术和管理，转移风险。

BOT 模式的缺点是：建造的规模比较大，技术难题多，时间长，投资高。东道国政府承担的风险大，较难确定回报率及政府应给予的支持程度，政府对项目的监督、控制难以保证。

## 六、国际采用的其他管理模式

### （一）设计 - 管理模式

设计—管理合同通常是指一种类似 CM 模式但更为复杂的，由同一实体向业主提供设计和施工管理服务的工程管理方式，在通常的 CM 模式中，业主分别就设计和专业施工过程管理服务签订合同。采用设计 - 管理合同时，业主只签订一份既包括设计也包括类似 CM 服务在内的合同。在这种情况下，设计师与管理机构是同一实体。这一实体常常是设计机构与施工管理企业的联合体。

设计 - 管理模式的实现可以有两种形式：一是业主与设计 - 管理公司和施工总承包商分别签订合同，由设计—管理公司负责设计并对项目实施进行管理；另一种形式是业主只与设计 - 管理公司签订合同，由设计公司分别与各个单独的承包商和供应商签订分包合同，由他们施工和供货。这种方式看作 CM 与设计 - 建造两种模式相结合的产物，这种方式也常常对承包商采用阶段发包方式以加快工程进度。

### （二）管理承包模式

业主可以直接找一家公司进行管理承包，管理承包商与业主的专业咨询顾问（如建筑师、工程师、测量师等）进行密切合作，对工程进行计划管理、协调和控制。工程的实际施工由各个承包商承担。承包商负责设备采购、工程施工以及对分包商的管理。

### （三）项目管理模式

目前许多工程日益复杂，特别是当一个业主在同一时间内有多个工程处于不同阶段实施时，所需执行的多种职能超出了建筑师以往主要承担的设计、联络和检查的范围，这就需要项目经理。项目经理的主要任务是自始至终对一个项目负责，这可能包括项目任务书的编制，预算控制，法律与行政障碍的排除，土地资金的筹集，同时使设计者、计量工程师、结构、设备工程师和总承包商的工作协调地、分阶段地进行。在适当的时候引入指定分包商的合同，使业主委托的工作顺利进行。

### （四）更替型合同模式（NC 模式）

NC 模式是一种新的项目管理模式，即用一种新合同更替原有合同，而二者之间又有密不可分的联系。业主在项目实施初期委托某设计咨询公司进行项目的初步设计，当这一部分工作完成（一般达到全部设计要求的 30% ~ 80%）时，业主可开始招标选择承包商，承包商与业主签约时承担全部未完成的设计与施工工作，由承包商与原设计咨询公司签订设计合同，完成后一部分设计。设计咨询公司成为设计分包商，对承包商负责，由承包商对设计进行支付。

这种方式的主要优点是：既可以保证业主对项目的总体要求，又可以保持设计工作的连贯性，还可以在施工详图设计阶段吸收承包商的施工经验，有利于加快工程进度、提高施工质量，还可以减少施工中设计的变更，由承包商更多地承担这一实施期间的风险管理，为业主方减轻了风险，后一阶段由承包商承担了全部设计建造责任，合同管理也比较容易操作。采用NC模式，业主方必须在前期对项目有一个周密的考虑，因为设计合同转移后，变更就会比较困难，此外，在新旧设计合同更替过程中要细心考虑责任和风险的重新分配，以免引起纠纷。

## 第四节　水利工程建设程序

水利水电工程的建设周期长，施工场面布置复杂，投资金额巨大，对国民经济的影响不容忽视。工程建设必须遵守合理的建设程序，才能顺利地按时完成工程建设任务，并且能够节省投资。

在计划经济时代，水利水电工程建设一直沿用自建自营模式。在国家总体计划安排下，建设任务由上级主管单位下达，建设资金由国家拨款。建设单位一般是上级主管单位、已建水电站、施工单位和其他相关部门抽调的工程技术人员和工程管理人员临时组建的工程筹备处或工程建设指挥部。在条块分割的计划经济体制下，工程建设指挥部除了负责工程建设外，还要平衡和协调各相关单位的关系和利益。工程建成后，工程建设指挥部解散。其中一部分人员转变为水电站运行管理人员，其余人员重新回到原单位。这种体制形成于新中国成立初期。那时候国家经济实力薄弱，建筑材料匮乏，技术人员稀缺。集中财力、物力、人力于国家重点工程，对于新中国成立后的经济恢复和繁荣起到了重要作用。随着国民经济的发展和经济体制的转型，原有的这种建设管理模式已经不能适应国民经济的迅速发展，甚至严重地阻碍了国民经济的健康发展。经过10多年的改革，终于在20世纪90年代后期初步建立了既符合社会主义市场经济运行机制，又与国际惯例接轨的新型建设管理体系。在这个体系中，形成了项目法人责任制、投标招标制和建设监理制三项基本制度。在国家宏观调控下，建立了“以项目法人责任制为主体，以咨询、科研、设计、监理、施工、物供为服务、承包体系”的建设项目管理体制。投资主体可以是国资，也可以是民营或合资，充分调动各方的积极性。

项目法人的主要职责是：组建项目法人在现场的管理机构；落实工程建设计划和

资金进行管理、检查和监督；负责协调与项目相关的对外关系。工程项目实行招标投标，将建设单位和设计、施工企业推向市场，达到公平交易、平等竞争。通过优胜劣汰，优化社会资源，提高工程质量，节省工程投资。建设监理制度是借鉴国际上通行的工程管理模式。监理为业主提供费用控制、质量控制、合同管理、信息管理、组织协调等服务。在业主授权下，监理对工程参与者进行监督、指导、协调，使工程在法律、法规和合同的框架内进行。

水利工程建设程序一般分为项目建议书、可行性研究、初步设计、施工准备（包括投标设计）、建设实施、生产准备、竣工验收、后评价等阶段，根据国民经济总体要求，项目建议书在流域规划的基础上，提出工程开发的目标和任务，论证工程开发的必要性。可行性研究阶段，对工程进行全面勘测、设计，进行多方案比较，提出工程投资估算，对工程项目在技术上是否可行和经济上是否合理进行科学的论证和分析，提出可行性研究报告。项目评估由上级组织的专家组进行，全面评估项目的可行性和合理性。项目立项后，顺序进行初步设计、技术设计（招标设计）和技施设计，并进行主体工程的实施。工程建成后经过试运行期，即可投产运行。

## 第五节　水利工程施工组织

### 一、施工方案、设备的确定

在施工工程的组织设计方案研究中，施工方案的确定和设备及劳动力组合的安排和规划是重要的内容。

#### （一）施工方案选择原则

在具体施工项目的方案确定时，需要遵循以下几条原则。

1. 确定施工方案时尽量选择施工总工期时间短、项目工程辅助工程量小、施工附加工程量小、施工成本低的方案。

2. 确定施工方案时尽量选择先后顺序工作之间、土建工程和机电安装之间、各项程序之间互相干扰小、协调均衡的方案。

3. 确定施工方案时要确保施工方案选择的技术先进、可靠。

4. 确定施工方案时着重考虑施工强度和施工资源等因素，保证施工设备、施工材料、劳动力等需求之间处于均衡状态。

### （二）施工设备及劳动力组合选择原则

在确定劳动力组合的具体安排以及施工设备的选择上，施工单位要尽量遵循以下几条原则。

1. 施工设备选择原则

施工单位在选择和确定施工设备时要注意遵循以下原则。

（1）施工设备尽可能地符合施工场地条件，符合施工设计和要求，并能保证施工项目保质保量地完成。

（2）施工项目工程设备要具备机动、灵活、可调节的性质，并且在使用过程中能达到高效低耗的效果。

（3）施工单位要事先进行市场调查，以各单项工程的工程量、工程强度、施工方案等为依据，确定合适的配套设备。

（4）尽量选择通用性强，可以在施工项目的不同阶段和不同工程活动中反复使用的设备。

（5）应选择价格较低，容易获得零部件的设备，尽量保证设备便于维护、维修、保养。

2. 劳动力组合选择原则

施工单位在选择和确定劳动力组合时要注意遵循以下原则。

（1）劳动力组合要保证生产能力可以满足施工强度要求。

（2）施工单位需要事先进行调查研究，确保劳动力组合能满足各个单项工程的工程量和施工强度。

（3）在选择配套设备的基础上，要按照工作面、工作班制、施工方案等确定最合理的劳动力组合，混合劳动力工种，实现劳动力组合的最优化。

## 二、主体工程施工方案

水利工程涉及多种工种，其中主体工程施工主要包括地基处理、混凝土施工、碾压式土石坝施工等。而各项主体施工还包括多项具体工程项目。本节重点研究在进行混凝土施工和碾压式土石坝施工时，施工组织设计方案的选择应遵循的原则。

### （一）混凝土施工方案选择原则

混凝土施工方案选择主要包括混凝土主体施工方案选择、浇筑设备确定、模板选择、坝体选择等内容。

### 1. 混凝土主体施工方案选择原则

在进行混凝土主体施工方案确定时，施工单位应该注意以下几部分的原则。

（1）混凝土施工过程中，生产、运输、浇筑等环节要保证衔接的顺畅和合理。

（2）混凝土施工的机械化程度要符合施工项目的实际需求，保证施工项目按质按量完成，并且能在一定程度上促进工程进度的加快。

（3）混凝土施工方案要保证施工技术先进，设备配套合理，生产效率高。

（4）混凝土施工方案要保证混凝土可以得到连续生产，并且在运输过程中尽可能减少中转环节，缩短运输距离，保证温控措施可控、简便。

（5）混凝土施工方案要保证混凝土在初期、中期以及后期的浇筑强度可以得到平衡的协调。

（6）混凝土施工方案要尽可能保证混凝土施工和机电安装之间存在的相互干扰尽可能少。

### 2. 混凝土浇筑设备选择原则

混凝土浇筑设备的选择要考虑多方面的因素，比如混凝土浇筑程序能否适应工程强度和进度、各期混凝土浇筑部位和高程与供料线路之间能否平衡协调等等。具体来说，在选择混凝土浇筑设备时，要注意以下几条原则。

（1）混凝土浇筑设备的起吊设备能保证对整个平面和高程上的浇筑部位形成控制。

（2）保持混凝土浇筑主要设备型号统一，确保设备生产效率稳定、性能良好，其配套设备能发挥主要设备的生产能力。

（3）混凝土浇筑设备要能在连续的工作环境中保持稳定的运行，并具有较高的利用效率。

（4）混凝土浇筑设备在工程项目中不需要完成浇筑任务的间隙可以承担起模板、金属构件、小型设备等的吊运工作。

（5）混凝土浇筑设备不会因为压块而导致施工工期的延误。

（6）混凝土浇筑设备的生产能力要在满足一般生产的情况下，尽可能满足浇筑高峰期的生产要求。

（7）混凝土浇筑设备应该具有保证混凝土质量的保障措施。

### 3. 模板选择原则

在选择混凝土模板时，施工单位应当注意以下原则。

（1）模板的类型要符合施工工程结构物的外形轮廓，便于操作。

（2）模板的结构形式应该尽可能标准化、系列化，保证模板便于制作、安装、拆卸。

（3）在有条件的情况下，应尽量选择混凝土或钢筋混凝土模板。

**4. 坝体接缝灌浆设计原则**

在坝体的接缝灌浆时应注意考虑以下几个方面。

（1）接缝灌浆应该发生在灌浆区及以上部位达到坝体稳定温度时，在采取有效措施的基础上，混凝土的保质期应该长于四个月。

（2）在同一坝缝内的不同灌浆分区之间的高度应该为 10 ~ 15 米。

（3）要根据双曲拱坝施工期来确定封拱灌浆高程，以及浇筑层顶面间的限定高度差值。

（4）对空腹坝进行封顶灌浆，火堆受气温影响较大的坝体进行接缝灌浆时，应尽可能采用坝体相对稳定且温度较低的设备进行。

## （二）碾压式土石坝施工方案选择原则

在进行碾压式土石坝施工方案选择时，要事先对工程所在地的气候、自然条件进行调查，搜集相关资料，统计降水、气温等多种因素的信息，并分析它们可能对碾压式土石坝材料的影响程度。

**1. 碾压式土石坝料场规划原则**

在确定碾压式土石坝的料场时，应注意遵循以下原则。

（1）碾压式土石坝料场的料物物理学性质要符合碾压式土石坝坝体的用料要求，尽可能保证物料质地的统一。

（2）料场的物料应相对集中存放，总储量要保证能满足工程项目的施工要求。

（3）碾压式土石坝料场要保证有一定的备用料区，并保留一部分料场以供坝体合龙和抢拦洪高时使用。

（4）以不同的坝体部位为依据，选择不同的料场进行使用，避免不必要的坝料加工。

（5）碾压式土石坝料场最好具有剥离层薄、便于开采的特点，并且应尽量选择获得坝料效率较高的料场。

（6）碾压式土石坝料场应满足采集面开阔、料场运输距离短的要求，并且周围存在足够的废料处理场。

（7）碾压式土石坝料场应尽量少地占用耕地或林场。

**2. 碾压式土石坝料场供应原则**

碾压式土石坝料场的供应应当遵循以下原则。

（1）碾压式土石坝料场的供应要满足施工项目的工程和强度需求。

（2）碾压式土石坝料场的供应要充分利用开挖渣料，通过高料高用、低料低用等措施保证料物的使用效率。

（3）尽量使用天然砂石料用作垫层、过滤和反滤，在附近没有天然砂石料的情况下，再选择人工料。

（4）应尽可能避免料物的堆放，如果避免不了，就将堆料场安排在坝区上坝道路上，并要保证防洪、排水等一系列措施的跟进。

（5）碾压式土石坝料场的供应尽可能减少料物和弃渣的运输量，保证料场平整，防止水土流失。

### 3. 土料开采和加工处理要求

在进行土料开采和加工处理时，要注意满足以下要求。

（1）以土层厚度、土料物理学特征、施工项目特征等为依据，确定料场的主次并进行区分开采。

（2）碾压式土石坝料场土料的开采加工能力应能满足坝体填筑强度的需求。

（3）要时刻关注碾压式土石坝料场天然含水量的高低，一旦出现过高或过低的状况，要采用一定具体措施加以调整。

（4）如果开采的土料物理力学特性无法满足施工设计和施工要求，那么应选择对采用人工砾质土的可能性进行分析。

（5）对施工场地、料场输送线路、表土堆存场等进行统筹规划，必要情况下还要对还耕进行规划。

### 4. 坝料上坝运输方式选择原则

在选择坝料上坝运输方式的过程中，要考虑运输量、开采能力、运输距离、运输费用、地形条件等多方面因素，具体来说，要遵循以下原则。

（1）坝料上坝运输方式要能满足施工项目填筑强度的需求。

（2）在坝料上坝的运输过程中不能和其他物料混掺，以免污染和降低料物的物理力学性能。

（3）各种坝料应尽量选用相同的上坝运输方式和运输设备。

（4）坝料上坝使用的临时设备应具有设施简易、便于装卸、装备工程量小的特点。

（5）坝料上坝尽量选择中转环节少、费用较低的运输方式。

### 5. 施工上坝道路布置原则

施工上坝道路的布置应遵循以下原则。

（1）施工上坝道路的各路段要能满足施工项目坝料运输强度的需求，并综合考虑各路段运输总量、使用期限、运输车辆类型和气候条件等多项因素，最终确定施工上坝的道路布置。

（2）施工上坝道路要能兼顾当地地形条件，保证运输过程中不出现中断的现象。

（3）施工上坝道路要能兼顾其他施工运输，如施工期过坝运输等，尽量和永久公路相结合。

（4）在限制运输坡长的情况下，施工上坝道路的最大纵坡不能大于15%。

**6. 碾压式土石坝施工机械配套原则**

确定碾压式土石坝施工机械的配套方案时应遵循以下原则。

（1）确定碾压式土石坝施工机械的配套方案要能在一定程度上保证施工机械化水平的提升。

（2）各种坝面作业的机械化水平应尽可能保持一致。

（3）碾压式土石坝施工机械的设备数量应该以施工高峰时期的平均强度进行计算和安排，并适当留有余地。

# 第六节　水利工程进度控制

## 一、概念

水利水电建设项目进度控制是指对水电工程建设各阶段的工作内容、工作秩序、持续时间和衔接关系。根据进度总目标和资源的优化配置原则编制计划，将该计划付诸实施，在实施的过程中经常检查实际进度是否按计划要求进行，对出现的偏差分析原因，采取补救措施或调整、修改原计划，直到工程竣工验收交付使用。进度控制的最终目的是确保项目进度目标的实现，水利水电建设项目进度控制的总目标是建设工期。

水利水电建设项目的进度受许多因素的影响，项目管理者需事先对影响进度的各种因素进行调查，预测他们对进度可能产生的影响，编制可行的进度计划，指导建设项目按计划实施。然而在计划执行过程中，必然会出现新的情况，难以按照原定的进度计划执行。这就要求项目管理者在计划的执行过程中，掌握动态控制原理，不断进行检查，将实际情况与计划安排进行对比，找出偏离计划的原因，特别是找出主要原因，然后采取相应的措施。措施的确定有两个前提：一是通过采取措施，维持原计划，使之正常实施；二是采取措施后不能维持原计划，要对进度进行调整或修正，再按新的计划实施。这样不断地计划、执行、检查、分析、调整计划的动态循环过程，就是进度控制。

## 二、影响进度因素

水利工程建设项目由于实施内容多、工程量大、作业复杂、施工周期长及参与施工单位多等特点，影响进度的因素很多，主要可归为人为因素，技术因素，项目合同因素，资金因素，材料、设备与配件因素，水文、地质、气象及其他环境因素，社会因素及一些难以预料的偶然突发因素等。

## 三、工程项目进度计划

工程项目进度计划可以分为进度控制计划、财务计划、组织人事计划、供应计划、劳动力使用计划、设备采购计划、施工图设计计划、机械设备使用计划、物资工程验收计划等。其中工程项目进度控制计划是编制其他计划的基础，其他计划是进度控制计划顺利实施的保证。施工进度计划是施工组织设计的重要组成部分，并规定了工程施工的顺序和速度。水利工程项目施工进度计划主要有两种：一是总进度计划，即对整个水利工程编制的计划，要求写出整个工程中各个单项工程的施工顺序和起止日期及主体工程施工前的准备工作和主体工程完工后的结尾工作的施工期限；二是单项工程进度计划，即对水利枢纽工程中主要工程项目，如大坝、水电站等组成部分进行编制的计划，写出单项工程施工的准备工作项目和施工期限，要求进一步从施工方法和技术供应等条件论证施工进度的合理性和可靠性，研究加快施工进度和降低工程成本的具体方法。

## 四、进度控制措施

进度控制的措施主要有组织措施、技术措施、合同措施、经济措施和信息措施。

1. 组织措施包括落实项目进度控制部门的人员、具体控制任务和职责分工；项目分解、建立编码体系；确定进度协调工作制度，包括协调会议的时间、人员等；对影响进度目标实现的干扰和风险因素进行分析。

2. 技术措施是指采用先进的施工工艺、方法等，以加快施工进度。

3. 合同措施主要包括分段发包、提前施工以及合同期与进度计划的协调等。

4. 经济措施是指保证资金供应。

5. 信息管理措施主要是通过计划进度与实际进度的动态比较，收集有关进度的信息。

## 五、进度计划的检查和调整方法

在进度计划执行过程中,应根据现场实际情况不断进行检查,将检查结果进行分析,而后确定调整方案,这样才能充分发挥进度计划的控制功能,实现进度计划的动态控制。为此，进度计划执行中的管理工作包括检查并掌握实际进度情况、分析产生进度偏差的主要原因、确定相应的纠偏措施或调整方法等3个方面。

### （一）进度计划的检查

#### 1. 进度计划的检查方法

（1）计划执行中的跟踪检查

在网络计划的执行过程中，必须建立相应的检查制度，定时定期地对计划的实际执行情况进行跟踪检查，搜集反映实际进度的有关数据。

（2）搜集数据的加工处理

搜集反映实际进度的原始数据量大面广，必须对其进行整理、统计和分析，形成与计划进度具有可比性的数据，以便在网络图上进行记录。根据记录的结果可以分析判断进度的实际状况，及时发现进度偏差，为网络图的调整提供信息。

（3）实际进度检查记录的方式

①当采用时标网络计划时，可采用实际进度前锋线记录计划实际执行情况，进行实际进度与计划进度的比较。

实际进度前锋线是在原时标网络计划上,自上而下从计划检查时刻的时标点出发,用点画线依次将各项工作实际进度达到的前锋点连接成的折线。通过实际进度前锋线与原进度计划中的各项工作箭线交点的位置可以判断实际进度与计划进度的偏差。

②当采用无时标网络计划时，可在图上直接用文字、数字、适当符号或列表记录计划的实际执行状况，进行实际进度与计划进度的比较。

#### 2. 网络计划检查的主要内容

（1）关键工作进度。

（2）非关键工作的进度及时差利用的情况。

（3）实际进度对各项工作之间逻辑关系的影响。

（4）资源状况。

（5）成本状况。

（6）存在的其他问题。

#### 3. 对检查结果进行分析判断

通过对网络计划执行情况检查的结果进行分析判断，可为计划的调整提供依据。一般应进行如下分析判断：

（1）对时标网络计划可利用绘制的实际进度前锋线，分析计划的执行情况及其发展趋势，对未来的进度做出预测、判断，找出偏离计划目标的原因及可供挖掘的潜力所在。

（2）对无时标网络计划可根据实际进度的记录情况对计划中未完成的工作进行分析判断。

### （二）进度计划的调整

进度计划的调整内容包括：调整网络计划中关键线路的长度、调整网络计划中非关键工作的时差、增（减）工作项目、调整逻辑关系、重新估计某些工作的持续时间、对资源的投入作相应调整。网络计划的调整方法如下。

#### 1. 调整关键线路法

（1）当关键线路的实际进度比计划进度拖后时，应在尚未完成的关键工作中，选择资源强度小或费用低的工作缩短其持续时间，并重新计算未完成部分的时间参数，将其作为一个新的计划实施。

（2）当关键线路的实际进度比计划进度提前时，若不想提前工期，应选用资源占有量大或者直接费用高的后续关键工作，适当延长期持续时间，以降低其资源强度或费用；当确定要提前完成计划时，应将计划尚未完成的部分作为一个新的计划，重新确定关键工作的持续时间，按新计划实施。

#### 2. 非关键工作时差的调整方法

非关键工作时差的调整应在其时差范围内进行，以便更充分地利用资源、降低成本或满足施工的要求。每一次调整后都必须重新计算时间参数，观察该调整对计划全局的影响，可采用以下几种调整方法：

（1）将工作在其最早开始时间与最迟完成时间范围内移动。

（2）延长工作的持续时间。

（3）缩短工作的持续时间。

#### 3. 增减工作时的调整方法

增减工作项目时应符合这样的规定：不打乱原网络计划总的逻辑关系，只对局部逻辑关系进行调整；在增减工作后应重新计算时间参数，分析对原网络计划的影响。当对工期有影响时，应采取调整措施，以保证计划工期不变。

4. **调整逻辑关系**

逻辑关系的调整只有当实际情况要求改变施工方法或组织方法时才可进行，调整时应避免影响原定计划工期和其他工作的顺利进行。

5. **调整工作的持续时间**

当发现某些工作的原持续时间估计有误或实现条件不充分时，应重新估算其持续时间，并重新计算时间参数，尽量使原计划工期不受影响。

6. **调整资源的投入**

当资源供应发生异常时，应采用资源优化方法对计划进行调整，或采取应急措施，使其对工期的影响最小。

网络计划可以定期调整，也可以根据检查的结果随时调整。

# 第八章　水利工程建设项目施工管理

水利工程建设是一个综合复杂的系统工程，项目法人（或称业主）将工程的总体目标和任务分解后，采用合同的形式委托给不同责任主体。各责任主体通过组织措施、管理措施、技术措施和经济措施，实现各方的目标和任务。本章从承包人的角度，阐述水利工程建设项目的施工管理。

## 第一节　施工现场组织与管理

### 一、承包人现场管理机构的组建

承包人中标后，按照施工合同要求和承包的工程任务，尽快组织建立相应的现场管理机构，并组织人员进场。施工现场的总负责人项目经理、副经理和技术负责人等的主要管理人员，在承包人投标时，已经在投标文件中明确，中标后，不得随意调整。承包人进入工地后，监理人要根据投标文件的承诺，对承包人现场管理人员以及管理人员的资格等进行核查，如与投标文件所提供的人员以及资料不符，承包人应按照投标文件的人员更换。

承包人如果要进行人员调整，必须征得发包人的同意，并经过监理人批准。承包人的施工现场机构即项目经理部（或施工项目部），根据项目的实际情况和需要下设不同的职能部门，进行工程项目的各项任务的管理。一般情况下需设立以下部门：

（1）经营核算部门。主要负责预算、合同、索赔、资金收支、成本核算及劳动分配等工作。

（2）工程技术部门。主要负责生产调度、技术管理、施工组织设计、劳动力配置计划统计等工作。

（3）物资设备部门。主要负责材料工具的询价、采购、计划供应、管理、运输、机械设备的租赁及配套使用等工作。

（4）监控管理部门。主要负责工程质量、安全管理、消防保卫、文明施工、环境保护等工作。

（5）测试计量部门。主要负责计量、测量、试验等工作。

承包人的施工现场机构也可按控制目标进行设置，包括进度控制、质量控制、成本控制、安全控制、合同管理、信息管理、组织协调等部门。

根据工程大小和特点不同，各部门可互相兼职，但质量管理机构必须与施工管理机构分设。项目部下设各种专业施工组织机构，负责不同工种和不同子项目的施工任务。

## 二、施工管理制度

施工项目部一般应制定以下管理制度：

（1）质量管理制度和质量保证措施。

（2）工程施工进度管理制度和保证措施。

（3）安全生产管理制度。

（4）文明施工管理制度。

（5）项目经理、技术负责人、质量检测负责人等责任制度。

具体施工项目部管理制度应根据工程特点和各自管理模式进行制定。

# 第二节　承包人施工前准备工作

承包人施工前的准备工作包括技术准备工作和人员、物资准备工作等。技术准备工作主要是指施工技术措施、场地规划和施工总布置以及施工技术保证措施等；人员、物资准备工作主要是按照施工合同要求组织人员、设备以及材料进场等方面的工作。

## 一、承包人的施工技术措施

### （一）施工组织设计

**1. 施工组织设计编制依据**

（1）有关法律、法规、规章和技术标准。

（2）工程设计批复意见以及主管部门对工程建设的要求。

（3）工程所在地区的法规和条例，地方政府、项目法人对本工程的要求。

（4）国民经济有关部门对本工程建设期间的有关要求和协议。

（5）工程所在地区和河流的自然条件（地形、地质、水文、气象特征和当地建材情况等）、施工电源、水源及水质、交通、环保、防洪、灌溉、航运、过木、供水等现状和近期发展规划。

（6）当地城镇现有修配、加工能力，生活、生产物资和劳动力供应条件，居民生活、卫生习惯等。

（7）勘察设计各专业有关成果和技术要求。

（8）施工导流及通航等水工模型试验、各种原材料试验、混凝土配合比试验、重要结构模型试验、岩土物理力学试验等结果。

（9）工程有关工艺试验或生产性试验成果。

（10）施工合同中与施工组织设计编制的有关的条款。

（11）承包人施工装备、管理水平和技术特点。

**2. 承包人编制施工组织设计的主要内容**

（1）工程任务情况及施工条件分析。

（2）施工总方案、主要施工方法、工程施工进度计划、主要单位工程综合进度计划和施工力量、机具及部署。

（3）施工组织技术措施，包括工程质量、施工进度、安全防护、文明施工以及环境污染防治等各项措施。

（4）施工总平面布置图。

（5）总包和分包的分工范围及交叉施工部署等。

**3. 施工组织设计编制程序**

（1）分析原始资料（拟建工程地区的地形、地质、水文、气象、当地材料、交通运输等）及工地临时给水、动力供应等施工条件。

（2）确定施工场地和道路、堆场、附属设施、仓库以及其他临时建筑物可能的布置情况。

（3）考虑自然条件对施工可能带来的影响和必须采取的技术措施。

（4）确定各工种每月可以施工的有效工日和冬、夏季及雨季施工技术措施的参数。

（5）确定各种主要材料的供应方式和运输方式，可供应的施工机具设备数量与性能，临时给水和动力供应设施的条件等。

（6）根据工程规模和等级，以及对工程所在地区地形、地质、水文等条件的分析研究，拟定施工导流方案。

（7）研究主体工程施工方案，确定施工顺序，编制整个工程的进度计划。

（8）当大致确定了工程总的进度计划以后，即可对主要工程的施工方案做出详细的规划计算，进行施工方案的优化，最后确定选用的施工方案及有关的技术经济指标，并用平衡调整修正进度计划。

（9）根据修订后的进度计划，即可确定各种材料、物件、劳动力及机具的需要量，以此来编制技术与生活供应计划，确定仓库和附属企业的数量、规模及工地临时房屋需要量，工地临时供水、供电、供风设施的规模与布置。

（10）确定施工现场的总平面布置，绘制施工总平面布置图。

## （二）施工临时设施的设计

### 1. 施工交通运输设计

（1）对外交通运输设计的主要内容：

——估算总运量，计算年运输量及日运输量。

——选择对外交通运输方式。

——配合施工总平面布置进行场内交通运输设计。

——研究运输组织，提出交通运输工具种类、规格、数量、劳动定员。

——安排交通运输施工计划。

（2）选择运输方案应遵守的原则：

——线路运输能力满足工程施工期间大宗物资、材料和设备的需求，满足超重、超限件运输的要求。

——运输物资的中转环节少，运费省，及时、安全、可靠。

——结合当地运输发展规划，充分利用已有国家、地方交通道路和其他工矿企业专用线。

（3）选择超限件运输应考虑的因素：

——超限件名称、型号、数量，解体后单件重量，运输外形尺寸、承重面积及相应的图纸资料。

——设备安装进度。

——装卸、运输方式和条件。

——减少超限件转运次数。

（4）场内交通运输设计的主要内容：

——场内主要交通干线的运输量和运输强度。

——场内交通主要线路的规划、布置和标准。

——场内交通运输线路、工程设施和工程量。

### 2. 施工工厂设施设计

（1）施工工厂设施的任务：

——制备施工所需的建筑材料。

——供应水、电和压缩空气。

——建立工地内外通信联系。

——维修和保养施工设备。

——加工制作少量的非标准件和金属结构。

（2）主要施工工厂设施。

1）混凝土生产系统。混凝土生产系统的规模应满足质量、品种、出机口温度和浇筑强度的要求，单位小时生产能力可按月高峰强度计算，月有效生产时间可按 500h 计，不均匀系数 Kn 按 1.3~1.5 考虑，并按充分发挥浇筑设备的能力校核。

2）混凝土制冷 / 热系统。混凝土制冷系统：混凝土的出机口温度较高，不能满足温度控制要求时，拌和料应进行预冷。选择混凝土预冷材料时，主要考虑用冷水拌和、加冰搅拌、预冷骨料等，一般不把胶凝材料（水泥、粉煤灰等）选作预冷材料。

混凝土制热系统：低温季节混凝土施工时，提高混凝土拌和料温度宜用热水拌和及进行骨料预热，水泥不应直接加热。低温季节混凝土施工气温标准为，当日平均气温连续 5 天稳定在 5℃以下或最低气温连续 5 天稳定在 -3℃以下时，应按低温季节进行混凝土施工。

3）砂石料加工系统。砂石加工厂通常由破碎、筛分、制砂等车间和堆场组成，同时还设有供配电、给排水、除尘、降低噪声和污水处理等辅助设施。

4）机械修配及综合加工系统。综合加工厂是由混凝土预制构件厂、钢筋加工厂和木材加工厂组成。

机械修配厂的厂址应靠近施工现场，便于施工机械和原材料运输，附近有足够场地存放设备、材料并靠近汽车修配厂。

5）风、水、电、通信及照明。压缩空气系统：主要是供石方开挖、混凝土施工、水泥输送、灌浆、机电及金属结构安装所需的压缩空气。压气站位置宜靠近用气负荷中心、接近供电和供水点，处于空气洁净、通风良好、交通方便、安静和防震的场所。供水系统：主要供工地施工用水、生活用水和消防用水。施工供水量应满足不同时期日高峰生产和生活用水需要，并按消防用水量进行校核。

施工供电系统：主要包括施工用电负荷及用电量计算、施工电源方式选择、施工变电所主接线的选择、施工照明负荷计算及照明方式、改善功率因数措施等。

施工通信系统：符合迅速、准确、安全、方便的原则。

## 二、施工现场规划与总平面布置

### （一）施工总布置及其施工分区规划

**1. 施工总布置应遵循的原则**

（1）贯彻执行合理利用土地的方针。

（2）因地制宜、因时制宜、有利生产、方便生活、易于管理、安全可靠、经济合理。

（3）注重环境保护、减少水土流失。

（4）充分体现人与自然的和谐相处。

**2. 施工总布置着重研究的内容**

（1）施工临时设施项目的组成、规模和布置。

（2）对外交通衔接方式、站场位置、主要交通干线及跨河设施的布置情况。

（3）可利用场地的相对位置、高程、面积。

（4）供生产、生活设施布置的场地。

（5）临时建筑工程和永久设施的结合。

（6）应做好土石方挖填平衡，统筹规划堆渣、弃渣场地；弃渣处理符合环境保护及水土保持要求。

**3. 施工总布置分区**

（1）主体工程施工区。

（2）施工工厂设施区。

（3）当地材开采加工区。

（4）仓库、站、场、厂、码头等储运系统。

（5）机电、金属结构和大型施工机械设备安装场地。

（6）工程存、弃料堆放区。

（7）施工管理及生活营区。

**4. 施工分区规划布置应遵守的原则**

（1）以混凝土建筑物为主的枢纽工程，施工区布置宜以砂、石料的开采、加工和混凝土拌和、浇筑系统为主；以当地材料坝为主的枢纽，施工区布置宜以土石料开采和加工、堆料场和上坝运输线路为主。

（2）金属结构、机电设备安装场地应靠近主要安装地点。

（3）施工管理及生活应取得布置考虑风向、日照、噪声、绿化、水源水质等因素，与生产设施应有明显界限。

（4）主要物资仓库、站场等储运系统宜布置在场内外交通衔接处。

（5）施工分区规划布置考虑施工活动对周围环境的影响，避免噪声、粉尘等污染对敏感区的危害。

## （二）施工总平面图

**1. 施工总平面图的主要内容**

（1）施工用地范围。

（2）一切地上和地下的已有和拟建的建筑物、构筑物及其他设施的平面位置与尺寸。

（3）永久性和半永久性坐标位置。

（4）场内取土和弃土的区域位置。

（5）为工程服务的各种临时设施的位置。包括施工导流建筑物，交通运输系统，料场及其加工系统，各种仓库、料堆、弃料场等，混凝土制备及浇筑系统，机械修配系统，金属结构、机电设备和施工设备安装基地，风、水、电供应系统，其他施工工厂，办公及生活用房，安全防火设施及其他。

**2. 施工总平面的布设要求**

（1）在保证施工顺利进行的情况下，尽量少占耕地。在进行大规模水利水电工程施工时，要根据各阶段施工平面图的要求，分期分批地征用土地，以便做到少占土地或缩短占用土地时间。

（2）临时设施最好不占用拟建永久性建筑物和设施的位置，以避免拆迁这些设施所引起的损失和浪费。

（3）满足施工要求的前提下，最大限度地降低工地运输费。为降低运输费用，必须合理地布置各种仓库、起重设备、加工厂及其他工厂设施，正确选择运输方式和铺设工地运输道路。

（4）满足施工需要的前提下，临时工程的费用应尽量减少。

（5）工地上各项设施，应明确为工人服务，而且使工人在工地上因往返而损失的时间最少。

（6）遵循劳动保护和安全生产等要求。施工临时房屋之间必须保持一定的距离，储存燃料及易燃物品（如汽油、柴油等）的仓库，距拟建工程及其他临时性建筑物不得小于 50m。在道路交叉处应设立明显的标志。工地内应设立消防站、消防栓、警卫室等。

## 三、施工进度计划的编制与进度保证措施

### （一）水利水电工程施工组织设计的编制

#### 1. 施工进度计划的表达方法

施工进度计划有以下几种表达方法：

（1）横道图。

（2）工程进度曲线。

（3）施工进度管理控制曲线。

（4）形象进度图。

（5）网络进度计划。

#### 2. 横道图

用横道图表示的施工进度计划，一般包括两个基本部分，即左侧的工作名称及工作的持续时间等基本数据部分和右侧的横道线部分。该计划明确表示出各项工作的划分、工作的开始时间和完成时间、工作的持续时间、工作之间的相互搭接关系，以及整个工程项目的开工时间和完工时间等。

横道图计划的优点是形象、直观，且易于编制和理解，因而长期以来被广泛应用于建设工程进度控制中，但利用横道图表示工程进度计划存在以下缺点：

（1）不能明确反映出各项工作之间错综复杂的相互关系，因而在计划执行的过程中，当某些工作的进度由于某种原因提前或拖延时，不便于分析其对其他工作及总工期的影响程度，不利于建设工程进度的动态控制。

（2）不能明确地反映出影响工期的关键工作和关键线路，也就无法反映出整个工程项目的关键所在，不便于进度控制人员抓住主要矛盾。

（3）不能反映工作所具有的机动时间，看不到计划的潜力所在，无法进行最合理的组织和指挥。

（4）不能反映工程费用与工期之间的关系。

### （二）水利工程施工进度计划的保证措施

#### 1. 组织措施

（1）建立进度控制目标体系，明确现场管理组织机构中进度控制人员及其职责分工。

（2）建立进度计划实施过程中的检查分析制度。

（3）建立进度协调会议制度，包括协调会议举行的时间、地点、协调会议的参加

人员等。

（4）编制年度进度计划、季度进度计划和月（旬）作业计划，将施工进度计划逐层细化，形成一个旬保月、月保季、季保年的计划体系。

**2. 技术措施**

（1）抓好施工现场的平面管理，合理布置施工现场的拌和系统、钢筋加工、模板、材料堆场，确保水、电、动力良好的供应，确保道路畅通，场地平整。创造高效有序的施工条件。

（2）抓住关键部位、按时完成控制进度的里程碑节点。抓住关键部位和进度计划上的关键工序的按时完成，总工期才能有保障。由于水利工程野外作业，受自然因素影响比较大，若延误了有利时机，就会对工期造成严重影响。

（3）采用网络计划技术及其他科学适用的计划方法，对建设工程进度实施动态控制。

（4）优化施工方法与方案，利用价值工程理论，确定主体工程各分部的施工方法。组织技术人员研讨施工方案，优选施工机械设备，适时投入。

（5）抓好现场管理和文明施工，为工程施工创造良好的环境。

**3. 经济措施**

抓好资金管理，确保项目资金专款专用，没有充足的资金保证，需要的材料、设备就没有办法投入，工期就无法保障。

**4. 合同措施**

（1）抓好原材料质量控制和及时供应，确保供应及时和质量合格。

（2）抓好班组的承包兑现，提高广大职工的积极性。

（3）履行自我的合同责任，服务好有关协作单位，创造良好的协作氛围。

（4）服务建设的协调管理，接受监理单位的监督与指导。

（5）加大奖励力度，保证节假日及赶工期间现场施工人员的稳定。

（6）加强合同管理，协调合同工期与进度计划之间的关系，保证合同中进度目标的实现。

（7）加强风险管理，在合同中应充分考虑风险因素及其对进度的影响，以及相应的处理方法。

## 四、施工前的人员、物资准备工作

承包人接到监理单位发出的开工通知后，应立即组织人员和施工设备进驻施工现场进行施工前的准备工作。

## （一）组织施工人员和设备进场

（1）按照投标文件的承诺组建施工现场项目部，项目部主要管理人员必须按照投标文件的要求及时进场开展工作。主要管理人员包括项目经理、技术负责人、质量管理人员、安全管理人员、档案资料管理人员、后勤保障管理人员等。

（2）制定管理制度。施工现场的管理制度是工程有序施工的重要保障，承包人进场后，应根据工程特点制定相应的管理制度，并上墙公布，同时管理制度必须与具体人员相对应。

（3）按照施工组织设计布置工程施工现场，进行临时设施的建设。

（4）组织和调运施工设备。按照经批准的施工组织设计和工程进度计划，组织相应的施工设备进场。调运的设备一定要与工程进度相适应，应尽量避免施工设备闲置，提高施工设备的有效利用率；同时在保证工程进度的情况下，适当留有余地。

## （二）工程材料管理

工程材料（包括原材料、半成品、成品、构配件）是构成工程实体的物质基础，也是有效保证工程建设质量的基础，承包人应严格按照设计标准和招标文件的要求做好工程材料采购、保管工作。对于施工材料的来源一般有两种形式：一是由建设单位提供；二是由承包人自行采购。本部分主要讨论对于承包人自行采购材料的管理问题。

### 1. 材料的采购

承包人在材料采购订货之前，应广泛收集市场信息，并进行分析研究后，向监理单位申报并提出采购计划，其中包括所拟采购材料的规格、品种、型号、数量、单价，同时提供材料生产厂家的基本情况（厂家的生产规模、产品的品种、质量保证措施、生产业绩和厂家的信誉等）和样品供监理工程师审查。经监理工程师审查确认后，承包人才能正式进行材料的采购订货。

### 2. 材料进场后的管理

材料进场后，承包人应填写材料报验申请表，并附上有关证明文件报送监理单位审查，同时承包人还应对进场材料按规定进行自检和复检，自检和复检的结果应报监理单位检查确认。对于监理检查不合格的材料，监理应签发《监理工程师通知单》，通知承包人将不合格材料撤离施工现场。

经监理工程师检查确认合格的材料，承包人应分类妥善保管，加快材料周转，减少材料的积压，做到既能保质、保量、按期供应施工所需，又能降低费用，提高效益。

# 第三节　施工成本管理

施工成本管理是承包人项目管理的一个关键任务，从工程投标报价开始直至项目竣工结算完成为止，贯穿项目实施的全过程。包括施工成本计划、施工成本控制、成本分析、成本考核等。

## 一、施工成本计划

施工成本计划是以货币的形式编制施工项目在计划期内的生产费用、成本水平、成本降低率以及为降低成本所采取的主要措施和规划的书面方案，它是建立施工项目成本管理责任制、开展成本控制和核算的基础，是项目成本降低的指导文件。

### （一）施工成本计划编制的依据

编制施工成本计划，需要广泛收集相关资料并进行整理，以作为施工成本计划编制的依据。在此基础上，根据有关设计文件、工程承包合同、施工组织设计、施工成本预测资料等，按照施工项目应投入的生产要素的变化和拟采取的各种措施，估算施工项目生产费用支出的总体水平，进而提出施工项目的成本控制指标，确定目标成本。将目标成本分解落实到各个机构、班组，便于进行控制的子项目或工序。

施工成本编制的依据：

（1）投标报价文件。

（2）企业定额、施工预算。

（3）施工组织设计或施工方案。

（4）人工、材料、机械台班的市场价格。

（5）企业颁布的材料指导价格、企业内部机械台班价格、劳动力内部价格。

（6）周转设备内部租赁价格、摊销损耗标准。

（7）已签订的工程合同、分包合同。

（8）结构件外加工计划和合同。

（9）有关财务成本核算制度和财务历史资料。

（10）施工成本预测资料。

（11）拟采取的降低施工成本的措施。

### （二）施工成本组成

施工成本计划的编制以成本预测为基础，关键是确定目标成本。了解施工成本的构成是制订施工成本计划的基础内容，目前我国建筑安装工程费由直接费、间接费、利润和税金组成。

## 二、施工成本控制

### （一）成本控制的依据

1. **工程承包合同**

施工成本控制要以工程承包合同为依据，围绕降低工程成本这个目标，从预算收入和实际成本两方面，努力挖掘节支潜力，以求获得最大的经济效益。

2. **施工成本计划**

施工成本计划是根据施工项目的具体情况制订的施工成本控制方案，既包括预定的具体成本控制目标，又包括实现控制目标的措施和规划，是施工成本控制的指导文件。

3. **进度报告**

进度报告提供了当前工程实际完成量、工程施工成本实际支付情况等重要信息。施工成本控制工作正是通过实际情况与施工成本计划相比较，找出二者之间的差额，分析偏差产生的原因，从而采取措施改进以后的工作。此外，进度报告还有助于管理者及时发现工程实施过程中影响工程进度的隐患，并在事态还未造成重大损失前采取有效措施，尽量避免损失。

4. **工程变更**

在项目实施过程中，由于各方面的原因，工程变更是很难避免的。工程变更一般包括设计变更、进度计划的变更、施工条件变更、施工次序变更、工程数量变更等。一旦出现变更，工程量、工期、成本都必将发生变化，从而使得施工成本控制工作变得更加复杂和困难。因此，施工成本控制管理人员就应当通过对变更要求当中各类数据的计算、分析，随时掌握变更情况，包括已发生工程量、将要发生工程量、工期是否拖延、支付情况等重要信息，判断变更以及变更可能带来的索赔额度等。

除了以上几种施工成本控制工作的主要依据外，还有施工组织设计、分包合同等。

### （二）施工成本控制的步骤

施工成本计划确定后，定期进行施工成本计划值与实际值比较，当实际值偏离计划值时，分析产生偏差的原因，采取适当纠偏措施，以确保施工成本控制目标的实现。

步骤如下。

1. **比较**

按照某种确定方式将施工成本计划值与实际值逐项进行比较，以检查施工成本是否已超支。

2. **分析**

在比较的基础上，对比较的结果进行分析，以确定偏差的严重性及偏差产生的原因。这一步是施工成本控制工作的核心，其主要目的是根据找出产生偏差的原因，采取有针对性的措施，减少或避免相同问题的再次发生以减少由此造成的损失。

3. **预测**

按照完成情况估计完成项目所需的分项费用及其总费用。

4. **纠偏**

当工程项目的实际施工成本出现偏差时，应当根据工程的具体情况、偏差分析和预测的结果，采取适当的措施，以期达到使施工成本偏差尽可能小的目的。纠偏是施工成本控制中最具实质性的一步。只有通过有针对性的纠偏，才能实现成本的动态控制和主动控制，最终达到有效控制施工成本的目的。

纠偏首先要确定纠偏的主要对象，在确定纠偏的主要对象之后，就需采取有针对性的纠偏措施。纠偏措施可采用组织措施、经济措施、技术措施和合同措施等。

5. **检查**

指对工程的进展进行跟踪和检查，及时了解工程进展状况以及纠偏措施的执行情况和效果，为下一步工作积累经验。

### （三）施工成本控制的方法

**1. 施工成本的过程控制方法**

（1）人工费的控制。人工费控制实行“量价分离”的方法，将作业用工及零星用工按定额工日的一定比例综合确定用工数量和单价，通过劳务合同进行控制。

（2）材料费的控制。

1）材料用量控制。在保证符合设计要求和质量标准的前提下，合理使用材料，通过定额管理、计量管理等手段有效控制材料物资的消耗。

定额控制：对于有消耗定额的材料，以消耗定额为依据，实行限额发料制度。在规定限额内分期分批领用，超过限额领用的材料，必须先查明原因，经过一定审批手续方可领料。

指标控制：对于没有消耗定额的材料，实行计划管理和按指标控制的办法。根据以往项目的实际耗用情况，结合具体施工项目的内容和要求，制定领用材料指标，以此控制发料。超过指标的材料，必须经过一定的审批手续方可领用。

计量控制：准确做好材料物资的收发计量检查和投料计量检查。

包干控制：在材料使用过程中，对部分小型及零星材料，根据工程量计算出所需材料量，将其折算成费用，由作业者包干控制。

2）材料价格的控制。控制材料价格主要是通过掌握市场信息，应用招标和询价等方式控制材料、设备的采购价格。

（3）施工机械使用费的控制。施工机械使用费主要由台班数量和台班单价两方面决定，为有效控制施工机械使用费支出，主要从以下几方面进行控制：

1）合理安排施工生产，加强设备租赁计划管理，减少因安排不当引起的设备闲置。

2）加强机械设备的调度工作，尽量避免窝工，提高现场设备利用率。

3）加强现场设备的维修保养，避免因不正确使用造成机械设备的故障停置。

4）做好机上人员与辅助生产人员的协调与配合，提高施工机械台班产量。

（4）施工分包费用的控制。分包工程价格的高低，必然对项目经理部的施工项目成本产生一定的影响。因此，施工项目成本控制的重要工作之一是对分包价格的控制。对分包费用的控制，主要是要做好分包工程的询价、订立平等互利的分包合同、建立稳定的分包关系网络、加强施工验收和分包结算等工作。

**2. 挣得值（也称赢得值）法**

挣得值法（Earned Value Management，EVM）作为一项先进的项目管理技术，最初由美国国防部于 1967 年首次确立。目前，国际上先进的工程公司已普遍采用挣得值法进行工程项目的费用、进度综合分析控制。用此法进行费用、进度综合分析控制，基本参数有三项，即已完工作预算费用、计划工作预算费用和已完工作实际费用。

（1）三个基本参数。

1）已完工作预算费用：简称 BCWP（Budgeted Cost for Work Performed），是指在某一时间已经完成的工作（或部分工作），以批准认可的预算（已完成工作的投标报价费用）为标准所需的资金总额，由于业主是根据这个值为承包人完成的工作量支付相应的费用，也就是承包人获得（挣得）的金额，故称为挣值（赢值）。

已完工作预算费用（BCWP）= 已完成工作量 × 预算（计划）单价

2）计划工作预算费用：简称 BCWS（Budgeted Cost for Work Scheduled），是指根据进度计划，在某一时刻应当完成的工作（或部分工作），以预算为标准所需的资金总额，一般来说，除非合同有变更，BCWS 在工程实施过程中应保持不变。

计划工作预算费用（BCWS）= 计划工作量 × 预算（计划）单价

3）已完工作实际费用：简称 ACWP（Actual Cost for Work Performed），是指到某一时刻为止，已完成的工作（或部分工作）所实际花费的总额。

已完工作实际费用（ACWP）= 已完成工程量 × 实际单价

（2）挣得值的四个评价指标。在三个基本参数的基础上，可以确定挣得执法的四个评价指标，它们都是时间的参数。

1）费用偏差（CV）：

费用偏差（CV）= 已完工作预算费用（BCWP）- 已完工作实际费用（ACWP）

当费用偏差（CV）为负值时，表示项目运行超出预算费用；当费用偏差（CV）为正值时，表示项目运行节支，实际费用低于预算费用。

2）进度偏差（SV）：

进度偏差（SV）= 已完工作预算费用（BCWP）- 计划工作预算费用（BCWS）

当进度偏差（SV）为负值时，表示进度延误，即实际进度落后于计划进度；当进度偏差（SV）为正值时，表示进度提前，即实际进度快于计划进度。

3）费用绩效指数（CPI）：

费用绩效指数（CPI）= 已完工作预算费用（BCWP）/ 已完工作实际费用（ACWP）

当费用绩效指数 CPI ＜ 1 时，表示超支，即实际费用高于预算费用；

当费用绩效指数 CPI ＞ 1 时，表示节支，即实际费用低于预算费用。

4）进度绩效指数（SPI）：

进度绩效指数（SPI）= 已完工作预算费用（BCWP）/ 计划工作预算费用（BCWS）

当进度绩效指数 SPI ＜ 1 时，表示进度延误，即实际进度比计划进度落后；

当进度绩效指数 SPI ＞ 1 时，表示进度提前，即实际进度比计划进度快。

## 三、成本考核

施工成本考核的目的，在于贯彻落实责任权利相结合的原则，促进成本管理工作的健康发展，更好地完成施工项目的成本目标。在施工项目的成本管理中，项目经理和所属部门、施工队以及生产班组，都有明确的成本管理责任，而且有定量的责任成本目标。通过定期和不定期的成本考核，既可对他们加强督促，又可调动他们对成本管理的积极性。施工项目的成本考核，可以分为两个层次：一是企业对项目经理的考核；二是项目经理对所属部门、施工队和班组的考核。通过层层考核，督促项目经理、责任部门和责任者更好地完成自己的责任成本，从而形成实现项目成本目标的层层保证体系。

### （一）施工项目成本考核的内容

施工项目成本考核的内容，应该包括责任成本完成情况的考核和成本管理工作业绩的考核。

**1. 企业对项目经理考核的内容**

（1）项目成本目标和阶段成本目标的完成情况。

（2）建立以项目经理为核心的成本管理责任制的落实情况。

（3）成本计划的编制和落实情况。

（4）对各部门、各施工队和班组责任成本的检查和考核情况。

（5）在成本管理中贯彻责权利相结合原则的执行情况。

**2. 项目经理对所属各部门、各施工队和班组考核的内容**

（1）对各部门的考核内容：

1）各部门、各岗位责任成本的完成情况。

2）各部门、各岗位成本管理责任的执行情况。

（2）对各施工队的考核内容：

1）对劳务合同规定的承包范围和承包内容的执行情况。

2）劳务合同以外的支出情况。

3）对班组施工任务单的管理情况，以及班组完成施工任务后的考核情况。

（3）对生产班组的考核内容：以分部分项工程成本作为班组的责任成本，以施工任务单和限额领料单的结算资料为依据，与施工预算进行对比，考核班组责任成本的完成情况。

## （二）施工项目成本考核的实施

**1. 采取评分制**

施工项目的成本考核采取评分制，具体方法为：先按考核内容评分，然后按 7 ∶ 3 的比例加权平均，即责任成本完成情况的评分为 7，成本管理工作业绩的评分为 3。这是一个人为设定的比例，施工项目可以根据实际情况进行调整。

**2. 与相关指标的完成情况相结合**

施工项目的成本考核要与相关指标的完成情况相结合，具体方法为：成本考核的评分是奖罚的依据，相关指标的完成情况为奖罚的条件。也就是在根据评分计奖的同时，还要参考相关的完成情况进行嘉奖或扣罚。

与成本考核相结合的相关指标，一般有进度、质量、安全和现场标准化管理。下面以质量指标的完成情况为例说明如下：

（1）质量达到优良，按应得奖金加奖 20%。

（2）质量合格，奖金不加不扣。

（3）质量不合格，扣除应得奖金的 50%。

### 3. 强调项目成本的中间考核

项目成本中间考核，可以从以下两方面考虑：

（1）月成本考核。一般是在月成本报表编制以后，根据月成本报表的内容进行考核。在进行月成本考核时，不能单凭报表数据，还要结合成本分析资料和施工生产、成本管理的实际情况，然后才能做出正确的评价，推动今后的成本管理工作，保证项目成本的实现。

（2）阶段成本考核。项目的施工阶段，一般可分为分部分项、单位工程、单项工程等阶段。阶段成本考核的优点，在于能对施工某一阶段结束后的成本进行考核，可与施工阶段其他指标（如进度、质量等）的考核结合得更好，也更能反映施工项目的管理水平。

### 4. 准确考核施工项目的竣工成本

施工项目的竣工成本，是在工程竣工和工程款结算的基础上编制的，是竣工成本考核的依据。

工程竣工，表示项目建设已经全部完成，并已具备交付使用的条件。而月度完成的分部分项工程，不具备使用条件，只能作为分期结算工程进度款的依据。因此，真正能够反映全貌而又正确的项目成本，是在工程竣工和工程款结算的基础上编制的。施工项目的竣工成本是项目经济效益的最终反映，它既是上缴利税的依据，又是进行职工分配的依据。由于施工项目的竣工成本关系到国家、企业、职工的利益，必须做到核算准确，考核准确。

### 5. 施工项目成本完成情况的奖罚

施工项目的经济奖罚，在月考核、阶段考核和竣工考核三种考核的基础上尽快兑现，不能只考核不奖罚，或者考核后拖了很久才奖罚。因为职工担心的，就是领导对贯彻责、权、利相结合的原则执行不力，忽视职工利益。

由于月成本和阶段成本都是假设性的，准确程度有限。因此，在进行月成本和阶段成本奖罚的时候留有余地，然后再按照竣工成本结算的奖金总额进行调整。

施工项目成本奖罚的标准，一方面，应通过经济合同的形式明确规定，经济合同规定的奖罚标准具有法律效力，任何人都不应中途变更或拒不执行。另一方面，通过经济合同明确奖罚标准以后，职工群众有了努力的目标，也会在实现项目成本目标中发挥更积极的作用。

确定施工项目成本奖罚标准的时候，必须从本项目的客观情况出发，既要考虑职工的利益，又要考虑项目成本的承受能力。在一般情况下，造价低的项目，奖金水平要定得低一些，造价高的项目，奖金水平可以适当提高。具体奖罚标准，应该经过认真测算再行确定。

# 第九章　水利工程项目质量管理

水利工程施工时，因其位置险峻，因此在施工管理中应当着重加强质量管理，严格按照先关质量要求进行管理把控，保障后期水利工程的使用。本章主要介绍了水利工程的质量管理技术。

## 第一节　水利工程质量管理规定

### 一、工程质量监督管理

1. 政府对水利工程的质量实行监督的制度。

水利工程按照分级管理的原则由相应水行政主管部门授权的质量监督机构实施质量监督。

2. 水利工程质量监督机构，必须按照水利部有关规定设立，经省级以上水行政主管部门资质审查合格，方可承担水利工程的质量监督工作。

各级水利工程质量监督机构，必须建立健全质量监督工作机制，完善监督手段，增强质量监督的权威性和有效性。

各级水利工程质量监督机构，要加强对贯彻执行国家和水利部有关质量法规、规范情况的检查，坚决查处有法不依、执法不严违法不究以及滥用职权的行为。

3. 水利部水利工程质量监督机构负责对流域机构、省级水利工程质量监督机构和水利工程质量检测单位进行统一规划、管理和资质审查。

各省、自治区、直辖市设立的水利工程质量监督机构负责本行政区域内省级以下水利工程质量监督机构和水利工程质量检测单位统一规划管理和资质审查。

4. 水利工程质量监督机构负责监督设计、监理、施工单位在其资质等级允许范围内从事水利工程建设的质量工作；负责检查督促建设、监理、设计、施工单位建立健全质量体系。

水利工程质量监督机构，按照国家和水利行业有关工程建设法规技术标准和设计文件实施工程质量监督，对施工现场影响工程质量的行为进行监督检查。

5. 水利工程质量监督实施以抽查为主的监督方式，运用法律和行政手段，做好监督抽查后的处理工作。工程竣工验收时，质量监督机构应对工程质量等级进行核定。

未经质量核定或核定不合格的工程，施工单位不得交验，工程主管部门不能验收，工程不得投入使用。

6. 根据需要，质量监督机构可委托经计量认证合格的检测单位，对水利工程有关部位以及所采用的建筑材料和工程设备进行抽样检测。

水利部水利工程质量监督机构认定的水利工程质量检测机构出具的数据是全国水利系统的最终检测。

各省级水利工程质量监督机构认定的水利工程质量检测机构所出具的检测数据是本行政区域内水利系统的最高检测。

## 二、项目法人（建设单位）质量管理

1. 项目法人（建设单位）应根据国家和水利部有关规定依法设立，主动接受水利工程质量监督机构对其质量体系的监督检查。

2. 项目法人（建设单位）应根据工程规模和工程特点，按照水利部有关规定，通过资质审查招标选择勘测设计施工、监理单位并实行合同管理。

在合同文件中，必须有工程质量条款，明确图纸、资料、工程、材料、设备等的质量标准及合同双方的质量责任。

3. 项目法人（建设单位）要加强工程质量管理，建立健全施工质量检查体系，根据工程特点建立质量管理机构和质量管理制度。

4. 项目法人（建设单位）在工程开工前，应按规定向水利工程质量监督机构办理工程质量监督手续。在工程施工过程中，应主动接受质量监督机构对工程质量的监督检查。

5. 项目法人（建设单位）应组织设计和施工单位进行设计交底；施工中应对工程质量进行检查，工程完工后，应及时组织有关单位进行工程质量验收、签证。

## 三、监理单位质量管理

1. 监理单位必须持有水利部颁发的监理单位资格等级证书，依照核定的监理范围承担相应水利工程的监理任务。监理单位必须接受水利工程质量监督机构对其监理资格质量检查体系及质量监理工作的监督检查。

2. 监理单位必须严格执行国家法律、水利行业法规技术标准，严格履行监理合同。

3. 监理单位根据所承担的监理任务向水利工程施工现场派出相应的监理机构，人员配备必须满足项目要求。监理工程师上岗必须持有水利部颁发的监理工程师岗位证书，一般监理人员上岗要经过岗前培训。

4. 监理单位应根据监理合同参与招标工作，从保证工程质量全面履行工程承建合同出发，签发施工图纸；审查施工单位的施工组织设计和技术措施；指导监督合同中有关质量标准、要求的实施；参加工程质量检查、工程质量事故调查处理和工程验收工作。

## 四、设计单位质量管理

1. 设计单位必须按其资质等级及业务范围承担勘测设计任务，并应主动接受水利工程质量监督机构对其资质等级及质量体系的监督检查。

2. 设计单位必须建立健全设计质量保证体系，加强设计过程质量控制，健全设计文件的审核、会签批准制度，做好设计文件的技术交底工作。

3. 设计文件必须符合下列基本要求：

（1）设计文件应当符合国家、水利行业有关工程建设法规、工程勘测设计技术规程、标准和合同的要求。

（2）设计依据的基本资料应完整、准确、可靠，设计论证充分，计算成果可靠。

（3）设计文件的深度应满足相应设计阶段有关规定要求，设计质量必须满足工程质量安全需要，并符合设计规范的要求。

4. 设计单位应按合同规定及时提供设计文件及施工图纸，在施工过程中要随时掌握施工现场情况，优化设计，解决有关设计问题。对大中型工程，设计单位应按合同规定在施工现场设立设计代表机构或派驻设计代表。

5. 设计单位应按水利部有关规定在阶段验收、单位工程验收和竣工验收中，对施工质量是否满足设计要求提出评价意见。

## 五、施工单位质量管理

1. 施工单位必须按其资质等级和业务范围承揽工程施工任务，接受水利工程质量监督机构对其资质和质量保证体系的监督检查。

2. 施工单位必须依据国家水利行业有关工程建设法规技术规程、技术标准的规定以及设计文件和施工合同的要求进行施工，并对其施工的工程质量负责。

3. 施工单位不得将其承接的水利建设项目的主体工程进行转包。对工程的分包，分包单位必须具备相应资质等级，并对其分包工程的施工质量向总包单位负责，总包单位对全部工程质量向项目法人（建设单位）负责。工程分包必须经过项目法人（建设单位）的认可。

4. 施工单位要推行全面质量管理，建立健全质量保证体系，制定和完善岗位质量规范、质量责任及考核办法，落实质量责任制。在施工过程中要加强质量检验工作，认真执行“三检制”，切实做好工程质量的全过程控制。

5. 工程发生质量事故，施工单位必须按照有关规定向监理单位、项目法人（建设单位）及有关部门报告，并保护好现场接受工程质量事故调查，认真进行事故处理。

6. 竣工工程质量必须符合国家和水利行业现行的工程标准及设计文件要求，并应向项目法人（建设单位）提交完整的技术档案、试验成果及有关资料。

## 六、建筑材料、设备采购的质量管理和工程保修

1. 建筑材料和工程设备的质量由采购单位承担相应责任。凡进入施工现场的建筑材料和工程设备均应按有关规定进行检验。经检验不合格的产品不得用于工程。

2. 建筑材料和工程设备的采购单位具有按合同规定自主采购的权利，其他单位或个人不得干预。

3. 建筑材料或工程设备应当符合下列要求：有产品质量检验合格证明；有中文标明的产品名称、生产厂名和厂址；产品包装和商标式样符合国家有关规定和标准要求；工程设备应有产品详细的使用说明书，电气设备还应附有线路图；实施生产许可证或实行质量认证的产品，应当具有相应的许可证或认证证书。

4. 水利工程保修期从工程移交证书写明的工程完工日起一般不少于一年。有特殊要求的工程，其保修期限在合同中规定。

工程质量出现永久性缺陷的，承担责任的期限不受以上保修期限制。

5. 水利工程在规定的保修期内出现工程质量问题，一般由原施工单位承担保修，所需费用由责任方承担。

## 第二节　水利工程质量监督管理规定

### 一、质量监督

1. 水利工程建设项目质量监督方式以抽查为主。大型水利工程应建立质量监督项目站，中、小型水利工程可根据需要建立质量监督项目站（组），或进行巡回监督。

2. 从工程开工前办理质量监督手续始，到工程竣工验收委员会同意工程交付使用止，为水利工程建设项目的质量监督期（含合同质量保修期）。

3. 项目法人（或建设单位）应在工程开工前到相应的水利工程质量监督机构办理监督手续，签订《水利工程质量监督书》，并按规定缴纳质量监督费，同时提交以下材料：工程项目建设审批文件；项目法人（或建设单位）与监理、设计、施工单位签订的合同（或协议）副本；建设监理、设计施工等单位的基本情况和工程质量管理组织情况等资料。

4. 质量监督机构根据受监督工程的规模、重要性等，制订质量监督计划，确定质量监督的组织形式。在工程施工中，根据本规定对工程项目实施质量监督。

5. 工程质量监督的主要内容为：

（1）对监理、设计、施工和有关产品制作单位的资质进行复核。

（2）对建设、监理单位的质量检查体系和施工单位的质量保证体系以及设计单位现场服务等实施监督检查。

（3）对工程项目的单位工程分部工程、单元工程的划分进行监督检查。

（4）监督检查技术规程、规范和质量标准的执行情况。

（5）检查施工单位和建设、监理单位对工程质量检验和质量评定情况。

（6）在工程竣工验收前，对工程质量进行等级核定，编制工程质量评定报告，并向工程竣工验收委员会提出工程质量等级的建议。

6. 工程质量监督权限如下：

（1）对监理、设计、施工等单位的资质等级、经营范围进行核查，发现越级承包工程等不符合规定要求的，责成建设单位限期改正，并向水行政主管部门报告。

（2）质量监督人员需持“水利工程质量监督员证”进入施工现场执行质量监督。对工程有关部位进行检查，调阅建设、监理单位和施工单位的检测试验成果、检查记录和施工记录。

（3）对违反技术规程、规范、质量标准或设计文件的施工单位，通知建设、监理单位采取纠正措施。问题严重时，可向水行政主管部门提出整顿的建议。

（4）对使用未经检验或检验不合格的建筑材料、构配件及设备等，责成建设单位采取措施纠正。

（5）提请有关部门奖励先进质量管理单位及个人。

（6）提请有关部门或司法机关追究造成重大工程质量事故的单位和个人的行政、经济、刑事责任。

## 二、质量检测

1. 工程质量检测是工程质量监督和质量检查的重要手段。水利工程质量检测单位，必须取得省级以上计量认证合格证书，并经水利工程质量监督机构授权，方可从事水利工程质量检测工作，检测人员必须持证上岗。

2. 质量监督机构根据工作需要，可委托水利工程质量检测单位承担以下主要任务：

（1）核查受监督工程参建单位的试验室装备、人员资质、试验方法及成果等。

（2）根据需要对工程质量进行抽样检测，提出检测报告。

（3）参与工程质量事故分析和研究处理方案。

（4）质量监督机构委托的其他任务。

3. 质量检测单位所出具的检测鉴定报告必须实事求是，数据准确可靠，并对出具的数据和报告负法律责任。

4. 工程质量检测实行有偿服务，检测费用由委托方支付。收费标准按有关规定确定。在处理工程质量争端时，发生的一切费用由责任方支付。

## 三、工程质量监督费

1. 项目法人（或建设单位）应向质量监督机构缴纳工程质量监督费。工程质量监督费属事业性收费。工程质量监督收费，根据国家计委等部门的有关文件规定，收费标准按水利工程所在地域确定。原则上，大城市按受监工程建筑安装工作量的 0.15%，中等城市按受监工程建筑安装工作量的 0.20%，小城市按受监工程建筑安装工作量的 0.25% 收取。城区以外的水利工程可比照小城市的收费标准适当提高。

2. 工程质量监督费由工程建设单位负责缴纳。大中型工程在办理监督手续时，应确定缴纳计划，每年按年度投资计划，年初一次结清年度工程质量监督费。中小型水利工程在办理质量监督手续时交纳工程质量监督费的 50%，余额由质量监督部门根据工程进度收缴。

水利工程在工程竣工验收前必须缴清全部的工程质量监督费。

3. 质量监督费应用于质量监督工作的正常经费开支，不得挪作他用。其使用范围主要为工程质量监督、检测开支以及必要的差旅费开支等。

# 第三节　工程质量管理的基本概念

水利水电工程项目的施工阶段是根据设计图纸和设计文件的要求，通过工程参建各方及其技术人员的劳动形成工程实体的阶段。这个阶段的质量控制无疑是极其重要的，其中心任务是通过建立健全有效的工程质量监督体系，确保工程质量达到合同规定的标准和等级要求。为此，在水利水电工程项目建设中，建立了质量管理的三个体系，即施工单位的质量保证体系建设（监理）单位的质量检查体系和政府部门的质量监督体系。

## 一、工程项目质量和质量控制的概念

### （一）工程项目质量

质量是反映实体满足明确或隐含需要能力的特性之总和。工程项目质量是国家现行的有关法律、法规技术标准、设计文件及工程承包合同对工程的安全适用、经济、美观等特征的综合要求。

从功能和使用价值来看，工程项目质量体现在适用性、可靠性、经济性、外观质量与环境协调等方面。由于工程项目是依据项目法人的需求而兴建的，故各工程项目的功能和使用价值的质量应满足于不同项目法人的需求，并无一个统一的标准。

从工程项目质量的形成过程来看，工程项目质量包括工程建设各个阶段的质量，即可行性研究质量、工程决策质量、工程设计质量、工程施工质量、工程竣工验收质量。

工程项目质量具有两个方面的含义：一是指工程产品的特征性能，即工程产品质量；二是指参与工程建设各方面的工作水平、组织管理等，即工作质量。工作质量包括社会工作质量和生产过程工作质量。社会工作质量主要是指社会调查、市场预测、维修服务等。

生产过程工作质量主要包括管理工作质量、技术工作质量、后勤工作质量等，最终将反映在工序质量上，而工序质量的好坏，直接受人、原材料，机具设备、工艺及环境等五方面因素的影响。因此，工程项目质量的好坏是各环节、各方面工作质量的综合反映，而不是单纯靠质量检验查出来的。

### （二）工程项目质量控制

质量控制是指为达到质量要求所采取的作业技术和活动，工程项目质量控制，实际上就是对工程在可行性研究勘测设计、施工准备、建设实施后期运行等各阶段、各环节、各因素的全过程、全方位的质量监督控制。工程项目质量有个产生、形成和实现的过程，控制这个过程中的各环节，以满足工程合同、设计文件、技术规范规定的质量标准。在我国的工程项目建设中，工程项目质量控制按其实施者的不同，包括如下三个方面。

#### 1. 项目法人的质量控制

项目法人方面的质量控制，主要是委托监理单位依据国家的法律、规范、标准和工程建设的合同文件，对工程建设进行监督和管理。其特点是外部的、横向的，不间断的控制。

#### 2. 政府方面的质量控制

政府方面的质量控制是通过政府的质量监督机构来实现的，其目的在于维护社会公共利益，保证技术性法规和标准的贯彻执行。其特点是外部的、纵向的、定期或不定期的抽查。

#### 3. 承包人方面的质量控制

承包人主要是通过建立健全质量保证体系，加强工序质量管理，严格施行“三检制”（即初检、复检、终检），避免返工，提高生产效率等方式来进行质量控制。其特点是内部的、自身的连续的控制。

## 二、工程项目质量的特点

建筑产品位置固定、生产流动性、项目单件性、生产一次性、受自然条件影响大等特点，决定了工程项目质量具有以下特点。

#### 1. 影响因素多

影响工程质量的因素是多方面的，如人的因素机械因素、材料因素、方法因素、环境因素等均直接或间接地影响着工程质量。尤其是水利水电工程项目主体工程的建设，一般由多家承包单位共同完成，故其质量形式较为复杂，影响因素多。

#### 2. 质量波动大

由于工程建设周期长，在建设过程中易受到系统因素及偶然因素的影响，产品质量产生波动。

3. **质量变异大**

由于影响工程质量的因素较多，任何因素的变异，均会引起工程项目的质量变异。

4. **质量具有隐蔽性**

由于工程项目实施过程中，工序交接多，中间产品多，隐蔽工程多，取样数量受到各种因素、条件的限制，产生错误判断的概率增大。

5. **终检局限性大**

建筑产品位置固定等自身特点，使质量检验时不能解体、拆卸，所以在工程项目终检验收时难以发现工程内在的、隐蔽的质量缺陷。

此外，质量、进度和投资目标三者之间既对立又统一的关系，使工程质量受到投资进度的制约。因此，应针对工程质量的特点，严格控制质量，并将质量控制贯穿于项目建设的全过程。

## 三、工程项目质量控制的任务

工程项目质量控制的任务就是根据国家现行的有关法规、技术标准和工程合同规定的工程建设各阶段质量目标实施全过程的监督管理。由于工程建设各阶段的质量目标不同，因此需要分别确定各阶段的质量控制对象和任务。

### （一）工程项目决策阶段质量控制的任务

1. 审核可行性研究报告是否符合国民经济发展的长远规划、国家经济建设的方针政策。

2. 审核可行性研究报告是否符合工程项目建议书或业主的要求。

3. 审核可行性研究报告是否具有可靠的基础资料和数据。

4. 审核可行性研究报告是否符合技术经济方面的规范标准和定额等指标。

5. 审核可行性研究报告的内容、深度和计算指标是否达到标准要求。

### （二）工程项目设计阶段质量控制的任务

1. 审查设计基础资料的正确性和完整性。

2. 编制设计招标文件，组织设计方案竞赛。

3. 审查设计方案的先进性和合理性，确定最佳设计方案。

4. 督促设计单位完善质量保证体系，建立内部专业交底及专业会签制度。

5. 进行设计质量跟踪检查，控制设计图纸的质量。在初步设计和技术设计阶段，主要检查生产工艺及设备的选型，总平面布置建筑与设施的布置，采用的设计标准和主要技术参数；在施工图设计阶段，主要检查计算是否有错误，选用的材料和做法是否合理，标注的各部分设计标高和尺寸是否有错误，各专业设计之间是否有矛盾等。

### （三）工程项目施工阶段质量控制的任务

施工阶段质量控制是工程项目全过程质量控制的关键环节。根据工程质量形成的时间，施工阶段的质量控制又可分为质量的事前控制、事中控制和事后控制，其中事前控制为重点控制。

**1. 事前控制**

（1）审查承包商及分包商的技术资质。

（2）协助承建商完善质量体系，包括完善计量及质量检测技术和手段等，同时对承包商的实验室资质进行考核。

（3）督促承包商完善现场质量管理制度，包括现场会议制度、现场质量检验制度、质量统计报表制度和质量事故报告及处理制度等。

（4）与当地质量监督站联系，争取其配合、支持和帮助。

（5）组织设计交底和图纸会审，对某些工程部位应下达质量要求标准。

（6）审查承包商提交的施工组织设计，保证工程质量具有可靠的技术措施。审核工程中采用的新材料新结构新工艺新技术的技术鉴定书；对工程质量有重大影响的施工机械、设备，应审核其技术性能报告。

（7）对工程所需原材料、构配件的质量进行检查与控制。

（8）对永久性生产设备或装置，应按审批同意的设计图纸组织采购或订货，到场后进行检查验收。

（9）对施工场地进行检查验收。检查施工场地的测量标桩、建筑物的定位放线以及高程水准点，重要工程还应复核，落实现场障碍物的清理、拆除等。

（10）把好开工关。对现场各项准备工作检查合格后，方可发开工令；停工的工程，未发复工令者不得复工。

**2. 事中控制**

（1）督促承包商完善工序控制措施。工程质量是在工序中产生的，工序控制对工程质量起着决定性的作用。应把影响工序质量的因素都纳入控制状态中，建立质量管理点，及时检查和审核承包商提交的质量统计分析资料和质量控制图表。

（2）严格工序交接检查。主要工作作业包括隐蔽作业需按有关验收规定经检查验收后，方可进行下一工序的施工。

（3）重要的工程部位或专业工程（如混凝土工程）要做试验或技术复核。

（4）审查质量事故处理方案，并对处理效果进行检查。

（5）对完成的分项分部工程，按相应的质量评定标准和办法进行检查验收。

（6）审核设计变更和图纸修改。

（7）按合同行使质量监督权和质量否决权。

（8）组织定期或不定期的质量现场会议，及时分析、通报工程质量状况。

3. **事后控制**

（1）审核承包商提供的质量检验报告及有关技术性文件。

（2）审核承包商提交的竣工图。

（3）组织联动试车。

（4）按规定的质量评定标准和办法，进行检查验收。

（5）组织项目竣工总验收。

（6）整理有关工程项目质量的技术文件，并编目、建档。

4. **工程项目保修阶段质量控制的任务**

（1）审核承包商的工程保修书。

（2）检查、鉴定工程质量状况和工程使用情况。

（3）对出现的质量缺陷，确定责任者。

（4）督促承包商修复缺陷。

（5）在保修期结束后，检查工程保修状况，移交保修资料。

# 第四节　质量体系建立与运行

## 一、施工阶段的质量控制

### （一）质量控制的依据

施工阶段的质量管理及质量控制的依据，大体上可分为两类，即共同性依据及专门技术法规性依据。

共同性依据是指那些适用于工程项目施工阶段与质量控制有关的，具有普遍指导意义和必须遵守的基本文件。主要有工程承包合同文件，设计文件，国家和行业现行的有关质量管理方面的法律、法规文件。

工程承包合同中分别规定了参与施工建设的各方在质量控制方面的权利和义务，并据此对工程质量进行监督和控制。

有关质量检验与控制的专门技术法规性依据是指针对不同行业、不同的质量控制对象而制定的技术法规性的文件，主要包括：

1. 已批准的施工组织设计。它是承包单位进行施工准备和指导现场施工的规划性、指导性文件，详细规定了工程施工的现场布置，人员设备的配置，作业要求，施工工序和工艺，技术保证措施，质量检查方法和技术标准等，是进行质量控制的重要依据。

2. 合同中引用的国家和行业的现行施工操作技术规范、施工工艺规程及验收规范。它是维护正常施工的准则，与工程质量密切相关，必须严格遵守执行。

3. 合同中引用的有关原材料、半成品、配件方面的质量依据。如水泥、钢材、骨料等有关产品技术标准；水泥、骨料、钢材等有关检验、取样方法的技术标准；有关材料验收、包装、标志的技术标准。

4. 制造厂提供的设备安装说明书和有关技术标准。这是施工安装承包人进行设备安装必须遵循的重要技术文件，也是进行检查和控制质量的依据。

### （二）质量控制的方法

施工过程中的质量控制方法主要有旁站检查、测量、试验等。

#### 1. 旁站检查

旁站是指有关管理人员对重要工序（质量控制点）的施工所进行的现场监督和检查，以避免质量事故的发生。旁站也是驻地监理人员的一种主要现场检查形式。根据工程施工难度及复杂性，可采用全过程旁站、部分时间旁站两种方式。对容易产生缺陷的部位，或产生了缺陷难以补救的部位，以及隐蔽工程，应加强旁站检查。主动在旁站检查中，必须检查承包人在施工中所用的设备、材料及混合料是否符合已批准的文件要求，检查施工方案、施工工艺是否符合相应的技术规范。

#### 2. 测量

测量是对建筑物的尺寸控制的重要手段。应对施工放样及高程控制进行核查，不合格者不准开工。对模板工程、已完工程的几何尺寸、高程、宽度、厚度、坡度等质量指标，按规定要求进行测量验收，不符合规定要求的需进行返工。测量记录，均要事先经工程师审核签字后方可使用。

#### 3. 试验

量试验是工程师确定各种材料和建筑物内在质量是否合格的重要方法。所有工程使用的材料，都必须事先经过材料试验，质量必须满足产品标准，并经工程师检查批准后，方可使用。材料试验包括水源、粗骨料、沥青、土工织物等各种原材料，不同等级混凝土的配合比试验，外购材料及成品质量证明和必要的试验鉴定，仪器设备的校调试验，加工后的成品强度及耐用性检验，工程检查等。没有试验数据的工程不予验收。

## （三）工序质量监控

### 1. 工序质量监控的内容

工序质量控制主要包括对工序活动条件的监控和对工序活动效果的监控。

（1）工序活动条件的监控

所谓工序活动条件监控，就是指对影响工程生产因素进行的控制。工序活动条件的控制是工序质量控制的手段。尽管在开工前对生产活动条件已进行了初步控制，但在工序活动中有的条件还会发生变化，使其基本性能达不到检验指标，这正是生产过程产生质量不稳定的重要原因。因此，只有对工序活动条件进行控制，才能达到对工程或产品的质量性能特性指标的控制。工序活动条件包括的因素较多，要通过分析，分清影响工序质量的主要因素，抓住主要矛盾，逐渐予以调节，以达到质量控制的目的。

（2）工序活动效果的监控

工序活动效果的监控主要反映在对工序产品质量性能的特征指标的控制上。通过对工序活动的产品采取一定的检测手段进行检验，根据检验结果分析，判断该工序活动的质量效果，从而实现对工序质量的控制，其步骤如下：首先是工序活动前的控制，主要要求人、材料、机械、方法或工艺、环境能满足要求；然后采用必要的手段和工具，对抽出的工序子样进行质量检验；应用质量统计分析工具（如直方图、控制图、排列图等）对检验所得的数据进行分析，找出这些质量数据所遵循的规律。根据质量数据分布规律的结果，判断质量是否正常；若出现异常情况，寻找原因，找出影响工序质量的因素，尤其是那些主要因素，采取对策和措施进行调整；再重复前面的步骤，检查调整效果，直到满足要求，这样便可达到控制工序质量的目的。

### 2. 工序质量监控实施要点

对工序活动质量监控，首先应确定质量控制计划，它是以完善的质量监控体系和质量检查制度为基础。一方面，工序质量控制计划要明确规定质量监控的工作程序、流程和质量检查制度；另一方面，需进行工序分析，在影响工序质量的因素中，找出对工序质量产生影响的重要因素，进行主动的、预防性的重点控制。例如，在振捣混凝土这一工序中，振捣的插点和振捣时间是影响质量的主要因素，为此，应加强现场监督并要求施工单位严格予以控制。

同时，在整个施工活动中，应采取连续的动态跟踪控制，通过对工序产品的抽样检验，判定其产品质量波动状态，若工序活动处于异常状态，则应查出影响质量的原因，采取措施排除系统性因素的干扰，使工序活动恢复到正常状态，从而保证工序活动及其产品质量。此外，为确保工程质量，应在工序活动过程中设置质量控制点，进行预控。

### 3. 质量控制点的设置

质量控制点的设置是进行工序质量预防控制的有效措施。质量控制点是指为保证工程质量而必须控制的重点工序、关键部位、薄弱环节。应在施工前，全面、合理地选择质量控制点，并对设置质量控制点的情况及拟采取的控制措施进行审核。必要时，应对质量控制实施过程进行跟踪检查或旁站监督，以确保质量控制点的施工质量。

设置质量控制点的对象，主要有以下几方面：

（1）关键的分项工程。如大体积混凝土工程，土石坝工程的坝体填筑，隧洞开挖工程等。

（2）关键的工程部位。如混凝土面板堆石坝面板趾板及周边缝的接缝，土基上水闸的地基基础，预制框架结构的梁板节点，关键设备的设备基础等。

（3）薄弱环节。指经常发生或容易发生质量问题的环节，或承包人无法把握的环节，或采用新工艺（材料）施工的环节等。

（4）关键工序。如钢筋混凝土工程的混凝土振捣，灌注桩钻孔，隧洞开挖的钻孔布置、方向、深度用药量和填塞等。

（5）关键工序的关键质量特性。如混凝土的强度耐久性，土石坝的干容重、黏性土的含水率等。

（6）关键质量特性的关键因素。如冬季混凝土强度的关键因素是环境（养护温度），支模的关键因素是支撑方法，泵送混凝土输送质量的关键因素是机械，墙体垂直度的关键因素是人等。

### 4. 见证点、停止点的概念

在工程项目实施控制中，通常是由承包人在分项工程施工前制订施工计划时，就选定设置控制点，并在相应的质量计划中进一步明确哪些是见证点，哪些是停止点。所谓见证点和停止点是国际上对于重要程度不同及监督控制要求不同的质量控制对象的一种区分方式。见证点监督也称为 W 点监督。凡是被列为见证点的质量控制对象，在规定的控制点施工前，施工单位应提前 24 h 通知监理人员在约定的时间内到现场进行见证并实施监督。如监理人员未按约定到场，施工单位有权对该点进行相应的操作和施工。停止点也称为待检查点或 H 点，它的重要性高于见证点，是针对那些由于施工过程或工序施工质量不易或不能通过其后的检验和试验而充分得到论证的“特殊过程”或“特殊工序”而言的。凡被列入停止点的控制点，必须在该控制点来临之前 24 h 通知监理人员到场实验监控，如监理人员未能在约定时间内到达现场，施工单位应停止该控制点的施工，并按合同规定等待监理方，未经认可不能超过该点继续施工，如水闸闸墩混凝土结构在钢筋架立后，混凝土浇筑之前，可设置停止点。

在施工过程中，应加强旁站和现场巡查的监督检查；严格实施隐蔽式工程工序间交接检查验收、工程施工预检等检查监督；严格执行对成品保护的质量检查。只有这样才能及早发现问题，及时纠正，防患于未然，确保工程质量，避免导致工程质量事故。

为了对施工期间的各分部、分项工程的各工序质量实施严密细致和有效的监督、控制，应认真地填写跟踪档案，即施工和安装记录。

## 二、全面质量管理

全面质量管理（TQM）是企业管理的中心环节，是企业管理的纲，它和企业的经营目标是一致的。这就是要求将企业的生产经营管理和质量管理有机地结合起来。

全面质量管理是以组织全员参与为基础的质量管理模式，它代表了质量管理的最新阶段，最早起源于美国，菲根堡姆指出：全面质量管理是为了能够在最经济的水平上，并充分考虑到满足用户要求的条件下进行市场研究、设计生产和服务，把企业内各部门研制质量，维持质量和提高质量的活动构成为一体的一种有效体系。他的理论经过世界各国的继承和发展，得到了进一步的扩展和深化。

### （一）全面质量管理的基本要求

#### 1. 全过程的管理

任何一个工程（和产品）的质量，都有一个产生形成和实现的过程；整个过程是由多个相互联系、相互影响的环节所组成的，每一环节都不同程度地影响着最终的质量状况。

因此，要搞好工程质量管理，必须把形成质量的全过程和有关因素控制起来，形成一个综合的管理体系，做到以防为主，防检结合，重在提高。

#### 2. 全员的质量管理

工程（产品）的质量是企业各方面、各部门、各环节工作质量的反映。每一环节，每一个人的工作质量都会不同程度地影响着工程（产品）最终质量。工程质量人人有责，只有人人都关心工程的质量，做好本职工作，才能生产出好质量的工程。

#### 3. 全企业的质量管理

全企业的质量管理一方面要求企业各管理层次都要有明确的质量管理内容，各层次的侧重点要突出，每个部门应有自己的质量计划、质量目标和对策，层层控制；另一方面就是要把分散在各部门的质量职能发挥出来。如水利水电工程中的“三检制”，就充分反映这一观点。

#### 4. 多方法的管理

影响工程质量的因素越来越复杂：既有物质的因素，又有人为的因素；既有技术因素，又有管理因素；既有内部因素，又有企业外部因素。要搞好工程质量，就必须把这些影响因素控制起来，分析它们对工程质量的不同影响。灵活运用各种现代化管理方法来解决工程质量问题。

### （二）全面质量管理的工作原则

**1. 预防原则**

在企业的质量管理工作中，要认真贯彻预防为主的原则，凡事要防患于未然。在产品制造阶段应该采用科学方法对生产过程进行控制，尽量把不合格品消灭在发生之前。在产品的检验阶段，不论是对最终产品或是在制品，都要把质量信息及时反馈并认真处理。

**2. 经济原则**

全面质量管理强调质量，但无论质量保证的水平或预防不合格的深度都是没有止境的，必须考虑经济性，建立合理的经济界限，这就是所谓经济原则。因此，在产品设计制定质量标准时，在生产过程进行质量控制时，在选择质量检验方式为抽样检验或全数检验时等场合，都必须考虑其经济效益。

**3. 协作原则**

协作是大生产的必然要求。生产和管理分工越细，就越要求协作。一个具体单位的质量问题往往涉及许多部门，如无良好的协作是很难解决的。因此，强调协作是全面质量管理的一条重要原则，也反映了系统科学全局观点的要求。

**4. 按照 PDCA 循环组织活动**

PDCA 循环是质量体系活动所应遵循的科学工作程序，周而复始，内外嵌套，循环不已，以求质量不断提高。

### （三）全面质量管理的运转方式

质量保证体系运转方式是按照计划（P）、执行（D）、检查（C）、处理（A）的管理循环进行的。它包括四个阶段和八个工作步骤。

**1. 四个阶段**

（1）计划阶段

按使用者要求，根据具体生产技术条件，找出生产中存在的问题及其原因，拟定生产对策和措施计划。

（2）执行阶段

按预定对策和生产措施计划，组织实施。

（3）检查阶段

对生产成品进行必要的检查和测试，即把执行的工作结果与预定目标对比，检查执行过程中出现的情况和问题。

（4）处理阶段

把经过检查发现的各种问题及用户意见进行处理。凡符合计划要求的予以肯定，成文标准化。对不符合设计要求和不能解决的问题，转入下一循环以进一步研究解决。

2. 八个步骤

（1）分析现状，找出问题，不能凭印象和表面作判断。结论要用数据表示。

（2）分析各种影响因素，要把可能因素加以分析。

（3）找出主要影响因素，要努力找出主要因素进行分析，才能改进工作，提高产品质量。

（4）研究对策，针对主要因素拟定措施，制订计划，确定目标。

以上属 P 阶段工作内容。

（5）执行措施为 D 阶段的工作内容。

（6）检查工作成果，对执行情况进行检查，找出经验教训，为 C 阶段的工作内容。

（7）巩固措施，制定标准，把成熟的措施订成标准（规程、细则）形成制度。

（8）遗留问题转入下一个循环。

3.PDCA 循环的特点

（1）四个阶段缺一不可，先后次序不能颠倒。就好像一只转动的车轮，在解决质量问题中滚动前进逐步使产品质量提高。

（2）企业的内部 PDCA 循环各级都有，整个企业是一个大循环，企业各部门又有自己的循环。大循环是小循环的依据，小循环又是大循环的具体和逐级贯彻落实的体现。

（3）PDCA 循环不是在原地转动，而是在转动中前进。每个循环结束，质量便提高一步。每一个 PDCA 循环都不是在原地周而复始地转动，而是像爬楼梯那样，每转一个循环都有新的目标和内容。因而就意味前进了一步，从原有水平上升到了新的水平，每经过一次循环，也就解决了一批问题，质量水平就有新的提高。

（4）A 阶段是一个循环的关键，这一阶段（处理阶段）的目的在于总结经验，巩固成果，纠正错误，以利于下一个管理循环。为此必须把成功和经验纳入标准，定为规程，使之标准化、制度化，以便在下一个循环中遵照办理，使质量水平逐步提高。

必须指出，质量的好坏反映了人们质量意识的强弱，也反映了人们对提高产品质量意义的认识水平。有了较强的质量意识，还应使全体人员对全面质量管理的基本思想和方法有所了解。这就需要开展全面质量管理，必须加强质量教育的培训工作，贯彻执行质量责任制并形成制度，持之以恒，才能使工程施工质量水平不断提高。

# 第五节　工程质量统计与分析

## 一、质量数据

利用质量数据和统计分析方法进行项目质量控制，是控制工程质量的重要手段。通常，通过收集和整理质量数据，进行统计分析比较，找出生产过程的质量规律，判断工程产品质量状况，发现存在的质量问题，找出引起质量问题的原因，并及时采取措施，预防和纠正质量事故，使工程质量始终处于受控状态。

质量数据是用以描述工程质量特征性能的数据。它是进行质量控制的基础，没有质量数据，就不可能有现代化的科学的质量控制。

### 1. 质量数据的类型

质量数据按其自身特征，可分为计量值数据和计数值数据；按其收集目的可分为控制性数据和验收性数据。

（1）计量值数据

计量值数据是可以连续取值的连续型数据。如长度、质量面积、标高等特征，一般都是可以用量测工具或仪器等量测，都带有小数。

（2）计数值数据

计数值数据是不连续的离散型数据。如不合格品数、不合格的构件数等，这些反映质量状况的数据是不能用量测器具来度量的，采用计数的办法，只能出现 0、1、2 等非负数的整数。

（3）控制性数据

控制性数据一般是以工序作为研究对象，是为分析、预测施工过程是否处于稳定状态，而定期随机地抽样检验获得的质量数据。

（4）验收性数据

验收性数据是以工程的最终实体内容为研究对象，以分析、判断其质量是否达到技术标准或用户的要求，而采取随机抽样检验而获取的质量数据。

### 2. 质量数据的波动及其原因

在工程施工过程中常可看到在相同的设备、原材料、工艺及操作人员条件下，生产的同一种产品的质量不同，反映在质量数据上，即具有波动性，其影响因素有偶然性因素和系统性因素两大类。偶然性因素引起的质量数据波动属于正常波动，偶然因素是无法或难以控制的因素，所造成的质量数据的波动量不大，没有倾向性，作用是随机的，工程质量只有偶然因素影响时，生产才处于稳定状态。由系统因素造成的质量数据波动属于异常波动，系统因素是可控制、易消除的因素，这类因素不经常发生，但具有明显的倾向性，对工程质量的影响较大。

质量控制的目的就是要找出出现异常波动的原因，即系统性因素是什么，并加以排除，使质量只受随机性因素的影响。

**3. 质量数据的收集**

质量数据的收集总的要求应当是随机地抽样，即整批数据中每一个数据都有被抽到的同样机会。常用的方法有随机法、系统抽样法、二次抽样法和分层抽样法。

**4. 样本数据特征**

为了进行统计分析和运用特征数据对质量进行控制，经常要使用许多统计特征数据。统计特征数据主要有均值、中位数极值极差、标准偏差、变异系数，其中均值、中位数表示数据集中的位置；极差、标准偏差、变异系数表示数据的波动情况，即分散程度。

## 二、质量控制的统计方法简介

通过对质量数据的收集、整理和统计分析，找出质量的变化规律和存在的质量问题，提出进一步的改进措施，这种运用数学工具进行质量控制的方法是所有涉及质量管理的人员所必须掌握的，它可以使质量控制工作定量化和规范化。下面介绍几种在质量控制中常用的数学工具及方法。

**1. 直方图法**

（1）直方图的用途

应直方图又称频率分布直方图，它们将产品质量频率的分布状态用直方图形来表示，根据直方图形的分布形状和与公差界限的距离来观察探索质量分布规律，分析和判断整个生产过程是否正常。

利用直方图可以制定质量标准，确定公差范围，可以判明质量分布情况是否符合标准的要求。

（2）直方图的分析

1）正常对称型。说明生产过程正常，质量稳定。

2）锯齿型。原因一般是分组不当或组距确定不当。

3）孤岛型。原因一般是材质发生变化或他人临时替班。

4）绝壁型。一般是剔除下限以下的数据造成的。

5）双峰型。把两种不同的设备或工艺的数据混在一起造成的。

6）平峰型。生产过程中有缓慢变化的因素起主导作用。

（3）注意事项

1）直方图属于静态的，不能反映质量的动态变化。

2）画直方图时，数据不能太少，一般应大于50个数据，否则画出的直方图难以正确反映总体的分布状态。

3）直方图出现异常时，应注意将收集的数据分层，然后画直方图。

4）直方图呈正态分布时，可求平均值和标准差。

### 2. 排列图法

排列图法又称巴雷特法、主次排列图法，是分析影响质量主要问题的有效方法，将众多的因素进行排列，主要因素就一目了然。

排列图法是由一个横坐标、两个纵坐标、几个长方形和一条曲线组成的。左侧的纵坐标是频数或件数，右侧纵坐标是累计频率，横轴则是项目或因素，按项目频数大小顺序在横轴上自左而右画长方形，其高度为频数，再根据右侧的纵坐标，画出累计频率曲线，该曲线也称巴雷特曲线。

### 3. 因果分析图法

因果分析图也叫鱼刺图树枝图，这是一种逐步深入研究和讨论质量问题的图示方法。在工程建设过程中，任何一种质量问题的产生，一般都是多种原因造成的，这些原因有大有小，把这些原因按照大小顺序分别用主干、大枝、中枝、小枝来表示，这样，就可一目了然地观察出导致质量问题的原因，并以此为据，制定相应对策。

### 4. 管理图法

管理图也称控制图，是反映生产过程随时间变化而变化的质量动态，即反映生产过程中各个阶段质量波动状态的图形。管理图利用上下控制界限，将产品质量特性控制在正常波动范围内，一旦有异常反应，通过管理图就可以发现，并及时处理。

### 5. 相关图法

产品质量与影响质量的因素之间，常有一定的相互关系，但不一定是严格的函数关系，这种关系称为相关关系，可利用直角坐标系将两个变量之间的关系表达出来。相关图的形式有正相关、负相关、非线性相关和无相关。

此外，还有调查表法、分层法等。

# 第六节　工程质量事故的处理

工程建设项目不同于一般工业生产活动，其项目实施的一次性、生产组织特有的流动性、综合性、劳动的密集性、协作关系的复杂性和环境的影响，均导致建筑工程质量事故具有复杂性、严重性、可变性及多发性的特点，事故是很难完全避免的。因此，必须加强组织措施、经济措施和管理措施，严防事故发生，对发生的事故应调查清楚，按有关规定进行处理。

需要指出的是，不少事故开始时经常只被认为是一般的质量缺陷，容易被忽视。随着时间的推移，待认识到这些质量缺陷问题的严重性时，则往往处理困难，或难以补救，或导致建筑物失事。因此，除明显的不会有严重后果的缺陷外，对其他的质量问题，均应分析，进行必要处理，并做出处理意见。

## 一、工程事故的分类

凡水利水电工程在建设中或完工后，由于设计、施工、监理、材料、设备、工程管理和咨询等方面造成工程质量不符合规程规范和合同要求的质量标准，影响工程的使用寿命或正常运行，一般需作补救措施或返工处理的，统称为工程质量事故。日常所说的事故大多指施工质量事故。

在水利水电工程中，按对工程的耐久性和正常使用的影响程度，检查和处理质量事故对工期影响时间的长短以及直接经济损失的大小，将质量事故分为一般质量事故、较大质量事故、重大质量事故和特大质量事故。

一般质量事故是指对工程造成一定经济损失，经处理后不影响正常使用，不影响工程使用寿命的事故。小于一般质量事故的统称为质量缺陷。

较大质量事故是指对工程造成较大经济损失或延误较短工期，经处理后不影响正常使用，但对工程使用寿命有较大影响的事故。

重大质量事故是指对工程造成重大经济损失或延误较长工期，经处理后不影响正常使用，但对工程使用寿命有较大影响的事故。

特大质量事故是指对工程造成特大经济损失或长时间延误工期，经处理后仍对工程正常使用和使用寿命有较大影响的事故。

一般质量事故，它的直接经济损失在20万~100万元，事故处理的工期在一个月内，且不影响工程的正常使用与寿命。一般建筑工程对事故的分类略有不同，主要表现在经济损失大小之规定。

## 二、工程事故的处理方法

### 1. 事故发生的原因

工程质量事故发生的原因很多，最基本的还是人、机械、材料、工艺和环境几方面。一般可分直接原因和间接原因两类。

直接原因主要有人的行为不规范和材料、机械的不符合规定状态。如设计人员不按规范设计、监理人员不按规范进行监理，施工人员违反规程操作等，属于人的行为不规范；又如水泥、钢材等某些指标不合格，属于材料不符合规定状态。

间接原因是指质量事故发生地的环境条件，如施工管理混乱，质量检查监督失职，质量保证体系不健全等。间接原因往往导致直接原因的发生。

事故原因也可从工程建设的参建各方来寻查，业主、监理、设计、施工和材料、机械、设备供应商的某些行为或各种方法也会造成质量事故。

### 2. 事故处理的目的

工程质量事故分析与处理的目的主要是：正确分析事故原因，防止事故恶化；创造正常的施工条件；排除隐患，预防事故发生；总结经验教训，区分事故责任；采取有效的处理措施，尽量减少经济损失，保证工程质量。

### 3. 事故处理的原则

质量事故发生后，应坚持“三不放过”的原则，即事故原因不查清不放过，事故主要责任人和职工未受到教育不放过，补救措施不落实不放过。

发生质量事故，应立即向有关部门（业主、监理单位，设计单位和质量监督机构等）汇报，并提交事故报告。

由质量事故而造成的损失费用，坚持事故责任是谁由谁承担的原则。如责任在施工承包商，则事故分析与处理的一切费用由承包商自己负责；施工中事故责任不在承包商，则承包商可依据合同向业主提出索赔；若事故责任在设计或监理单位，应按照有关合同条款给予相关单位必要的经济处罚。构成犯罪的，移交司法机关处理。

### 4. 事故处理的程序和方法

事故处理的程序是：下达工程施工暂停令；组织调查事故；事故原因分析；事故处理与检查验收；下达复工令。

事故处理的方法有两大类：修补，这种方法适用于通过修补可以不影响工程的外观和正常使用的质量事故，此类事故是施工中多发的；返工，这类事故严重违反规范或标准，影响工程使用和安全，且无法修补，必须返工。

有些工程质量问题，虽严重超过了规程、规范的要求，已具有质量事故的性质，但可针对工程的具体情况，通过分析论证，不需作专门处理，但要记录在案。如混凝土蜂窝麻面等缺陷，可通过涂抹、打磨等方式处理；欠挖或模板问题使结构断面被削弱，经设计复核验算，仍能满足承载要求的，也可不作处理，但必须记录在案，并有设计和监理单位的鉴定意见。

## 第七节　工程质量评定与验收

### 一、工程质量评定

#### （一）评定依据

1. 国家与水利水电部门有关行业规程、规范和技术标准。

2. 经批准的设计文件、施工图纸、设计修改通知厂家提供的设备安装说明书及有关技术文件。

3. 工程合同采用的技术标准。

4. 工程试运行期间的试验及观测分析成果。

#### （二）评定标准

**1. 单元工程质量评定标准**

当单元工程质量达不到合格标准时，必须及时处理，其质量等级按如下标准确定：全部返工重做的，可重新评定等级；经加固补强并经过鉴定能达到设计要求，其质量只能评定为合格；经鉴定达不到设计要求，但建设（监理）单位认为能基本满足安全和使用功能要求的，可不补强加固，或经补强加固后，改变外形尺寸或造成永久缺陷的，经建设（监理）单位认为能基本满足设计要求，其质量可按合格处理。

**2. 分部工程质量评定标准**

分部工程质量合格的条件是：单元工程质量全部合格；中间产品质量及原材料质量全部合格，金属结构及启闭机制造质量合格，机电产品质量合格。

分部工程优良的条件是：单元工程质量全部合格，其中有 50% 以上达到优良，主要单元工程、重要隐蔽工程及关键部位的单位工程质量优良，且未发生过质量事故；

中间产品质量全部合格，其中混凝土拌和物质量达到优良，原材料质量、金属结构及启闭机制造质量合格，机电产品质量合格。

3. **单位工程质量评定标准**

单位工程质量合格的条件是：分部工程质量全部合格；中间产品质量及原材料质量全部合格，金属结构及启闭机制造质量合格，机电产品质量合格；外观质量得分率达 70% 以上；施工质量检验资料基本齐全。

单位工程优良的条件是：分部工程质量全部合格，其中有 70% 以上达到优良，主要分部工程质量优良，且未发生过重大质量事故；中间产品质量全部合格，其中混凝土拌和物质量达到优良，原材料质量、金属结构及启闭机制造质量合格，机电产品质量合格；外观质量得分率达 85% 以上；施工质量检验资料齐全。

4. **工程质量评定标准**

单位工程质量全部合格，工程质量可评为合格；如其中 50% 以上的单位工程优良，且主要建筑物单位工程质量优良，则工程质量可评优良。

## 二、工程质量验收

工程验收是在工程质量评定的基础上，依据一个既定的验收标准，采取一定的手段来检验工程产品的特性是否满足验收标准的过程。水利水电工程验收分为分部工程验收、阶段验收、单位工程验收和竣工验收。按照验收的性质，可分为投入使用验收和完工验收。工程验收的目的是：检查工程是否按照批准的设计进行建设；检查已完工程在设计、施工、设备制造安装等方面的质量，并对验收遗留问题提出处理要求；检查工程是否具备运行或进行下一阶段建设的条件；总结工程建设中的经验教训，并对工程做出评价；及时移交工程，尽早发挥投资效益。

工程验收的依据是：有关法律、规章和技术标准，主管部门有关文件，批准的设计文件及相应设计变更、修设文件，施工合同，监理签发的施工图纸和说明，设备技术说明书等。当工程具备验收条件时，应及时组织验收。未经验收或验收不合格的工程不得交付使用或进行后续工程施工。验收工作应相互衔接，不应重复进行。

工程进行验收时必须有质量评定意见，阶段验收和单位工程验收应有水利水电工程质量监督单位的工程质量评价意见；竣工验收必须有水利水电工程质量监督单位的工程质量评定报告，竣工验收委员会在其基础上鉴定工程质量等级。

1. **分部工程验收**

分部工程验收应具备的条件是该分部工程的所有单元工程已经完建且质量全部合格。分部工程验收的主要工作是：鉴定工程是否达到设计标准；按现行国家或行业技术标准，评定工程质量等级；对验收遗留问题提出处理意见。分部工程验收的图纸、资料和成果是竣工验收资料的组成部分。

2. 阶段验收

根据工程建设需要，当工程建设达到一定关键阶段（如基础处理完毕、截流、水库蓄水、机组启动、输水工程通水等）时，应进行阶段验收。阶段验收的主要工作是：检查已完工程的质量和形象面貌；检查在建工程建设情况；检查待建工程的计划安排和主要技术措施落实情况，以及是否具备施工条件；检查拟投入使用工程是否具备运用条件；对验收遗留问题提出处理要求。

3. 完工验收

完工验收应具备的条件是所有分部工程已经完建并验收合格。完工验收的主要工作是：检查工程是否按批准设计完成；检查工程质量评定质量等级，对工程缺陷提出处理要求；对验收遗留问题提出处理要求；按照合同规定，施工单位向项目法人移交工程。

4. 竣工验收

工程在投入使用前必须通过竣工验收。竣工验收应在全部工程完建后 3 个月内进行。进行验收确有困难的，经工程验收主持单位同意，可以适当延长期限。竣工验收应具备以下条件：工程已按批准设计规定的内容全部建成各单位工程能正常运行；历次验收所发现的问题已基本处理完毕；归档资料符合工程档案资料管理的有关规定；工程建设征地补偿及移民安置等问题已基本处理完毕，工程主要建筑物安全保护范围内的迁建和工程管理土地征用已经完成；工程投资已经全部到位；竣工决算已经完成并通过竣工审计。

竣工验收的主要工作：审查项目法人“工程建设管理工作报告”和初步验收工作组“初步验收工作报告”；检查工程建设和运行情况；协调处理有关问题；讨论并通过“竣工验收鉴定书”。

# 第十章　水利工程项目安全管理

## 第一节　水利工程安全管理的概述

### 一、安全管理概念

安全生产是指生产过程处于避免人身伤害、设备损坏及其他不可接受的损害风险（危险）的状态。不可接受的损害风险（危险）是指：超出了法律、法规和规章的要求，超出了方针、目标和企业规定的其他要求，超出了人们普遍接受的要求。建筑工程安全生产管理是指建设行政主管部门、建筑安全监督管理机构、建筑施工企业及有关单位对建筑安全生产过程中的安全工作，进行计划、组织、指挥、控制、监督、调节和改进等一系列致力于满足生产安全的管理活动。

#### （一）建筑工程安全生产管理的特点

**1. 安全生产管理涉及面广、涉及单位多**

由于建筑工程规模大，生产工艺复杂、工序多，在建造过程中流动作业多、高处作业多，作业位置多变，遇到不确定因素多，所以安全管理工作涉及范围大，控制面广。安全管理不仅是施工单位的责任，还包括建设单位、勘察设计单位、监理单位，这些单位也要为安全管理承担相应的责任和义务。

**2. 安全生产管理动态性**

（1）建筑工程项目的单件性，使得每项工程所处的条件不同，所面临的危险因素和防范也会有所改变。

（2）工程项目的分散性。

施工人员在施工过程中，分散于施工现场的各个部位，当他们面对各种具体的生产问题时，一般依靠自己的经验和知识进行判断并做出决定，从而增加了施工过程中由不安全行为而导致事故的风险。

3. 安全生产管理的交叉性

建筑工程项目是开放系统，受自然环境和社会环境影响很大，安全生产管理需要把工程系统和环境系统及社会系统相结合。

4. 安全生产管理的严谨性

安全状态具有触发性，安全管理措施必须严谨，一旦失控，就会造成损失和伤害。

### （二）建筑工程安全生产管理的方针

“安全第一”是建筑工程安全生产管理的原则和目标，“预防为主”是实现安全第一的最重要手段。

### （三）建筑工程安全管理的原则

1.“管生产必须管安全”的原则

一切从事生产、经营的单位和管理部门都必须管安全，全面开展安全工作。

2.“安全具有否决权”的原则

安全管理工作是衡量企业经营管理工作好坏的一项基本内容，在对企业进行各项指标考核时，必须首先考虑安全指标的完成情况。安全生产指标具有一票否决的作用。

3. 职业安全卫生“三同时”的原则

“三同时”指建筑工程项目其劳动安全卫生设施必须符合国家规范规定的标准，必须与主体工程同时设计、同时施工、同时投入生产和使用。

### （四）建筑工程安全生产管理有关法律、法规与标准、规范

1. 法治是强化安全管理的重要内容

法律是上层建筑的组成部分，为其赖以建立的经济基础服务。

2. 事故处理“四不放过”的原则

（1）事故原因分析不清不放过；

（2）事故责任者和群众没有受到教育不放过；

（3）没有采取防范措施不放过；

（4）事故责任者没有受到处理不放过。

### （五）安全生产管理体制

当前我国的安全生产管理体制是企业负责、行业管理、国家监察和群众监督、劳动者遵章守法。

### （六）安全生产责任制度

安全生产责任制度是建筑生产中最基本的安全管理制度，是所有安全规章制度的核心。安全生产责任制度是指将各种不同的安全责任落实到具体安全管理的人员和具体岗位人员身上的一种制度。这一制度是安全第一、预防为主的具体体现，是建筑安全生产的基本制度。

### （七）安全生产目标管理

安全生产目标管理就是根据建筑施工企业的总体规划要求，制订出在一定时期内安全生产方面所要达到的预期目标并组织实现此目标。其基本内容是：确定目标、目标分解、执行目标、检查总结。

### （八）施工组织设计

施工组织设计是组织建设工程施工的纲领性文件，是指导施工准备和组织施工的全面性的技术、经济文件，是指导现场施工的规范性文件。施工组织设计必须在施工准备阶段完成。

### （九）安全技术措施

安全技术措施是指为防止工伤事故和职业病的危害，从技术上采取的措施。在工程施工中，是指针对工程特点、环境条件、劳力组织、作业方法、施工机械、供电设施等制订的确保安全施工的措施。

安全技术措施也是建设工程项目管理实施规划或施工组织设计的重要组成部分。

### （十）安全技术交底

安全技术交底是落实安全技术措施及安全管理事项的重要手段之一。重大安全技术措施及重要部位的安全技术由公司负责人向项目经理部技术负责人进行书面的安全技术交底；一般安全技术措施及施工现场应注意的安全事项由项目经理部技术负责人向施工作业班组、作业人员做出详细说明，并经双方签字认可。

### （十一）安全教育

安全教育是实现安全生产的一项重要基础工作，可以提高职工搞好安全生产的自觉性、积极性和创造性，增强安全意识，掌握安全知识，提高职工的自我防护能力，使安全规章制度得到贯彻执行。安全教育培训的主要内容有：安全生产思想、安全知识、安全技能、安全操作规程标准、安全法规、劳动保护和典型事例。

### （十二）班组安全活动

班组安全活动是指在上班前由班组长组织并主持，根据本班目前工作内容，重点介绍安全注意事项、安全操作要点，以达到组员在班前掌握安全操作要领，增强安全防范意识，减少事故的活动。

### （十三）特种作业

特种作业是指在劳动过程中容易发生伤亡事故，对操作者本人，尤其对他人和周围设施的安全有重大危害因素的作业。直接从事特种作业者，称特种作业人员。

### （十四）安全检查

安全检查是指建设行政主管部门、施工企业安全生产管理部门或项目经理，对施工企业和工程项目经理部贯彻国家安全生产法律及法规的情况、安全生产情况、劳动条件、事故隐患等进行的检查。

### （十五）安全事故

安全事故是人们在进行有目的的活动中，发生了违背人们意愿的不幸事件，使其有目的的行动暂时或永久地停止。重大安全事故，是指在施工过程中由于责任过失造成工程倒塌或废弃、机械设备破坏和安全设施失当造成人身伤亡或者重大经济损失的事故。

### （十六）安全评价

安全评价是采用系统科学方法，辨别和分析系统存在的危险性并根据其形成事故的风险大小，采取相应的安全措施，以达到系统安全的过程。安全评价的基本内容有：识别危险源、评价风险、采取措施，直到达到安全目标。

### （十七）安全标志

安全标志由安全色、几何图形符号构成，以此表达特定的安全信息。其目的是引起人们对不安全因素的注意，预防事故的发生。安全标志分为禁止标志、警告标志、指令标志、提示性标志四类。

## 二、工程施工特点

建筑业的生产活动危险性大，不安全因素多，是事故多发行业。建筑施工的特点主要是：

第一，工程建设最大的特点就是产品固定，这是它不同于其他行业的根本点，建筑产品是固定的，体积大、生产周期长。建筑物一旦施工完毕就固定了，生产活动都是围绕着建筑物、构筑物来进行的，有限的场地上集中了大量的人员、建筑材料、设备零部件和施工机具等，这样的情况可以持续几个月或一年，有的甚至需要七八年，工程才能完成。

第二，高处作业多，工人常年在室外操作。一栋建筑物从基础、主体结构到屋面工程、室外装修等，露天作业约占整个工程的70%。现在的建筑物一般都在7层以上，绝大部分工人都在十几米或几十米的高处从事露天作业。工作条件差，且受到气候条件多变的影响。

第三，手工操作多，繁重的劳动消耗大量体力。建筑业是劳动密集型的传统行业之一，大多数工种需要手工操作。近几年来，墙体材料有了改革，出现了大模、滑模、大板等施工工艺，但从全国来看，绝大多数墙体仍然是使用黏土砖、水泥空心砖和小砌块砌筑。

第四，现场变化大。每栋建筑物从基础、主体到装修，每道工序都不同，不安全因素也就不同，即使同一工序由于施工工艺和施工方法不同，生产过程也不同。而随着工程的推进，施工现场的施工状况和不安全因素也发生变化。为了完成施工任务，要采取很多临时性措施。

第五，近年来，建筑任务已由以工业为主向以民用建筑为主转变，建筑物由低层向高层发展，施工现场由较为宽阔的场地向狭窄的场地变化。施工现场的吊装工作量增多，垂直运输的办法也多了，多采用龙门架（或井字架）、高大旋转塔吊等。随着流水施工技术和网络施工技术的运用，交叉作业也大量增加，木工机械如电平刨、电锯普遍使用。因施工条件变化，伤亡类别增多。过去是“钉子扎脚”等小事故较多，现在则是机械伤害、高处坠落、触电等事故较多。

建筑施工复杂，加上流动分散、工期不固定，比较容易形成临时观念，不采取可靠的安全防护措施，存在侥幸心理，伤亡事故必然频繁发生。

## 第二节 施工安全因素与安全管理体系

### 一、施工安全因素

事故潜在的不安全因素是造成人的伤害、物的损失事故的先决条件，各种人身伤害事故均离不开物与人这两个因素。人的不安全行为和物的不安全状态，是造成绝大部分事故的两个方面潜在的不安全因素，通常也可称作事故隐患。

### （一）安全因素特点

安全是在人类生产过程中，将系统的运行状态对人类的生命、财产、环境可能产生的损害控制在人类能接受水平以下的状态。安全因素的定义就是在某一指定范围内与安全有关的因素。水利水电工程施工安全因素有以下特点：

1. 安全因素的确定取决于所选的分析范围，此处分析范围可以指整个工程，也可以针对具体工程的某一施工过程或者某一部分的施工，例如围堰施工、升船机施工等。

2. 安全因素的辨识依赖于对施工内容的了解，对工程危险源的分析以及运作安全风险评价的人员的安全工作经验。

3. 安全因素具有针对性，并不是对于整个系统事无巨细的考虑，安全因素的选取具有一定的代表性和概括性。

4. 安全因素具有灵活性，只要能对所分析的内容具有一定概括性，能达到系统分析的效果的，都可成为安全因素。

5. 安全因素是进行安全风险评价的关键点，是构成评价系统框架的节点。

### （二）安全因素辨识过程

安全因素是进行风险评价的基础，人们在辨识出的安全因素的基础上，进行风险评价框架的构建。在进行水利水电工程施工安全因素的辨识，首先对工程施工内容和施工危险源进行分析和了解，在危险源的认知基础上，以整个工程为分析范围，从管理、施工人员、材料、危险控制等各个方面结合以往的安全分析危险，进行安全因素的辨识。

宏观安全因素辨识工作需要收集以下资料：

**1. 工程所在区域状况**

（1）本地区有无地震、洪水、浓雾、暴雨、雪害、龙卷风及特殊低温等自然灾害；

（2）工程施工期间如发生火药爆炸、油库火灾爆炸等对邻近地区有何影响；

（3）工程施工过程中如发生大范围滑坡、塌方及其他意外情况对行船、导流、行车等有无影响；

（4）附近有无易燃、易爆、毒物泄漏的危险源，对本区域的影响如何？是否存在其他类型的危险源；

（5）工程过程中排土、排渣是否会形成公害或对本工程及友邻工程进行产生不良影响；

（6）公用设施如供水、供电等是否充足？重要设施有无备用电源；

（7）本地区消防设备和人员是否充足；

（8）本地区医院、救护车及救护人员等配置是否适当？有无现场紧急抢救措施。

2. **安全管理情况**

（1）安全机构、安全人员设置满足安全生产要求与否；

（2）怎样进行安全管理的计划、组织协调、检查、控制工作；

（3）对施工队伍中各类用工人员是否实行了安全一体化管理；

（4）有无安全考评及奖罚方面的措施；

（5）如何进行事故处理同类事故发生情况如何；

（6）隐患整改如何；

（7）是否制订有切实有效且操作性强的防灾计划领导是否经常过问？关键性设备、设施是否定期进行试验、维护；

（8）整个施工过程是否制定完善的操作规程和岗位责任制实施状况如何；

（9）程序性强的作业（如起吊作业）及关键性作业（如停送电、放炮）是否实行标准化作业；

（10）是否进行在线安全训练职工是否掌握必备的安全抢救常识和紧急避险、互救知识。

3. **施工措施安全情况**

（1）是否设置了明显的工程界限标识；

（2）有可能发生塌陷、滑坡、爆破飞石、吊物坠落等危险场所是否标定合适的安全范围并设有警示标志或信号；

（3）友邻工程施工中在安全上相互影响的问题是如何解决的；

（4）特殊危险作业是否规定了严格的安全措施？能否强制实施；

（5）可能发生车辆伤害的路段是否设有合适的安全标志；

（6）作业场所的通道是否良好？是否有滑倒、摔伤的危险；

（7）所有用电设施是否按要求接地、接零？人员可能触及的带电部位是否采取有效的保护措施；

（8）可能遭受雷击的场所是否采取了必要的防雷措施；

（9）作业场所的照明、噪声、有毒有害气体浓度是否符合安全要求；

（10）所使用的设备、设施、工具、附件、材料是否具有危险性？是否定期进行检查确认？有无检查记录；

（11）作业场所是否存在冒顶片帮或坠井、掩埋的危险性？曾经采取了何种措施；

（12）登高作业是否采取了必要的安全措施（可靠的跳板、护栏、安全带等）；

（13）防、排水设施是否符合安全要求；

（14）劳动防护用品适应作业要求之情况，发放数量、质量、更换周期满足要求与否。

**4. 油库、炸药库等易燃、易爆危险品**

（1）危险品名称、数量、设计量大存放量；

（2）危险品化学性质及其燃点、闪点、爆炸极限、毒性、腐蚀性等分解与否；

（3）危险品存放方式（是否根据其用途及特性分开存放）；

（4）危险品与其他设备、设施等之间的距离、爆破器材分放点之间是否有燃爆的可能性；

（5）存放场所的照明及电气设施的防爆、防雷、防静电情况；

（6）存放场所的防火设施是否配置消防通道？有无烟、火自动检测报警装置；

（7）存放危险品的场所是否有专人24小时值班，有无具体岗位责任制和危险品管理制度；

（8）危险品的运输、装卸、领用、加工、检验、销毁是否严格按照规定进行；

（9）危险品运输、管理人员是否掌握火灾、爆炸等危险状况下的避险、自救、互救的知识？是否定期进行必要的训练。

**5. 起重运输大型作业机械情况**

（1）运输线路里程、路面结构、平交路口、防滑措施等情况如何；

（2）指挥、信号系统情况如何？信息通道是否存在干扰；

（3）人—机系统匹配有何问题；

（4）设备检查、维护制度和执行情况如何？是否实行各层次的检查？周期多长？是否实行定期计划维修？周期多长；

（5）司机是否经过作业适应性检查；

（6）过去事故情况如何。

以上因素均是进行施工安全风险因素识别时需要考虑的主要因素。实际工程中需考虑的因素可能比上述因素还要多。

### （三）施工过程行为因素

采用HFACS框架对导致工程施工事故发生的行为因素进行分析。对标准的HFACS框架进行修订，以适应水电工程施工实际的安全管理、施工作业技术措施、人员素质等状况。框架的修改遵循4个原则：

第一，删除在事故案例分析中出现频率极少的因素，包括对工程施工影响较小和难以在事故案例中找到的潜在因素。

第二，对相似的因素进行合并，避免重复统计，从而无形之中提高类似因素在整个工程施工当中的重要性。

第三，针对水电工程施工的特点，对因素的定义、因素的解释和其涵盖的具体内容进行适当的调整。

第四，HFACS 框架是从国外引进的，将部分因素的名称加以修改，以更贴切我国工程施工安全管理业务的习惯用语。

对标准 HFACS 框架修改如下：

**1. 企业组织影响**

企业（包括水电开发企业、施工承包单位、监理单位）组织层的差错属于最高级别的差错，它的影响通常是间接的、隐性的，因而常会被安全管理人员忽视。在进行事故分析时，很难挖掘起企业组织层的缺陷；而一经发现，其改正的代价也很高，但是却更能加强系统的安全。一般而言，组织影响包括 3 个方面：

（1）资源管理

主要指组织资源分配及维护决策存在的问题，如安全组织体系不完善、安全管理人员配备不足、资金设施等管理不当、过度削减与安全相关的经费（安全投入不足）等。

（2）安全文化与氛围

可以定义为影响管理人员与作业人员绩效的多种变量，包括组织文化和政策，比如信息流通传递不畅、企业政策不公平、只奖不罚或滥奖、过于强调惩罚等都属于不良的文化与氛围。

（3）组织流程

主要涉及组织经营过程中的行政决定和流程安排，如施工组织设计不完善、企业安全管理程序存在缺陷、制定的某些规章制度及标准不完善等。

其中，“安全文化与氛围”这一因素，虽然在提高安全绩效方面具有积极作用，但不好定性衡量，在事故案例报告中也未明确地指明，而且在工程施工各类人员成分复杂的结构当中，其传播较难有一个清晰的脉络。为了简化分析过程，将该因素去除。

**2. 安全监管**

（1）监督（培训）不充分

指监督者或组织者没有提供专业的指导、培训、监督等。若组织者没有提供充足的 CRM 培训，或某个管理人员、作业人员没有这样的培训机会，则班组协同合作能力将会大受影响，出现差错的概率必然增加。

（2）作业计划不适当

包括这样几种情况，班组人员配备不当，如没有职工带班，没有提供足够的休息时间，任务或工作负荷过量。整个班组的施工节奏以及作业安排由于赶工期等原因安排不当，会使得作业风险加大。

（3）隐患未整改

指的是管理者知道人员、培训、施工设施、环境等相关安全领域的不足或隐患之后，仍然允许其持续下去的情况。

（4）管理违规

指的是管理者或监督者有意违反现有的规章程序或安全操作规程，如允许没有资格、未取得相关特种作业证的人员作业等。

以上四项因素在事故案例报告中均有体现，虽然相互之间有关联，但各有差异，彼此独立，因此，均加以保留。

3. **不安全行为的前提条件**

这一层级指出了直接导致不安全行为发生的主客观条件，包括作业人员状态、环境因素和人员因素。将“物理环境”改为“作业环境”，“施工人员资源管理”改为“班组管理”，“人员准备情况”改为“人员素质”。定义如下：

（1）作业环境

既指操作环境（如气象、高度、地形等），也指施工人员周围的环境，如作业部位的高温、振动、照明、有害气体等。

（2）技术措施

包括安全防护措施、安全设备和设施设计、安全技术交底的情况，以及作业程序指导书与施工安全技术方案等一系列情况。

（3）班组管理

属于人员因素，常为许多不安全行为的产生创造前提条件。未认真开展“班前会”及搞好“预知危险活动”；在施工作业过程中，安全管理人员、技术人员、施工人员等相互间信息沟通不畅、缺乏团队合作等问题属于班组管理不良。

（4）人员素质

包括体力（精力）差、不良心理状态与不良生理状态等生理心理素质，如精神疲劳，失去情境意识，工作中自满、安全警惕性差等属于不良心理状态；生病、身体疲劳或服用药物等引起生理状态差，当操作要求超出个人能力范围时会出现身体、智力局限，同时为安全埋下隐患，如视觉局限、休息时间不足、体能不适应等；以及没有遵守施工人员的休息要求、培训不足、滥用药物等属于个人准备情况的不足。

将标准 HFACS 的“体力（精力）限制”“不良心理状态”与“不良生理状态”合并，是因为这三者可能互相影响和转换。“体力（精力）限制”可能会导致“不良心理状态”与“不良生理状态”，此处便产生了重复，增加了心理和生理状态在所有因素当中的比重。同时，“不良心理状态”与“不良生理状态”之间也可能相互转化，由于心理状态的失调往往会带来生理上的伤害，而生理上的疲劳等因素又会引起心理状态的变化，两者相辅相成，常常是共同存在的。此外，没有充分的休息、滥用药物、生病、心理障碍也可以归结为人员准备不足，因此，将“体力（精力）限制”“不良心理状态”与“不良生理状态”合并至“人员素质”。

4. **施工人员的不安全行为**

人的不安全行为是系统存在问题的直接表现。将这种不安全行为分成 3 类：知觉与决策差错、技能差错以及操作违规。

（1）知觉与决策差错

“知觉差错”和“决策差错”通常是并发的，由于对外界条件、环境因素以及施工器械状况等现场因素感知上产生的失误，进而导致做出错误的决定。决策差错指由于经验不足，缺乏训练或外界压力等造成，也可能理解问题不彻底，如紧急情况判断错误，决策失败等。知觉差错指一个人的感知觉和实际情况不一致，就像出现视觉划觉和空间定向障碍一样，可能是由于工作场所光线不足，或在不利地质、气象条件下作业等。

（2）技能差错

包括漏掉程序步骤、作业技术差、作业时注意力分配不当等。不依赖于所处的环境，而是由施工人员的培训水平决定，而在操作当中不可避免地发生，因此应该作为独立的因素保留。

（3）操作违规

故意或者主观不遵守确保安全作业的规章制度，分为习惯性的违章和偶然性的违规。前者是组织或管理人员常常能容忍和默许的，常造成施工人员习惯成自然。而后者偏离规章或施工人员通常的行为模式，一般会被立即禁止。

经过修订的新框架，根据工程施工的特点重新选择了因素。在实际的工程施工事故分析以及制定事故防范与整改措施的过程中，通常会成立事故调查组对某一类原因，比如施工人员的不安全行为进行调查，给出处理意见及建议。应用 HFACS 框架的目的之一是尽快找到并确定在工程施工中，所有已经发生的事故当中，哪一类因素占相对重要的部分，可以集中人力和物力资源对该因素所反映的问题进行整改。对于类似的或者可以归为一类的因素整体考虑，科学决策，将结果反馈给整改单位，由他们完成相关一系列后续工作。因此，修订后的 HFACS 框架通过对标准框架因素的调整，加强了独立性和概括性，使得能更合理地反映水电工程施工的实际状况。

应用 HFACS 框架对行为因素导致事故的情况初步分类，在求证判别一致性的基础上，分析了导致事故发生的主要因素。但这种分析只是静态的，HFACS 框架仅仅简单地将发生事故中的行为因素进行分类，没有指出上层因素是如何影响下层因素的，以及采取什么样的措施才能在将来尽量地避免事故发生。基于 HFACS 框架的静态分析只是将行为因素按照不同的层次进行了重新配置，没有寻求因素的发生过程和事故的解决之道。因此，有必要在此基础上，对 HFACS 框架当中相邻层次之间因素的联系进行分析，指出每个层次的因素如何被上一层次的因素影响，以及作用于下一次层次的因素，从而有利于针对某因素制定安全防范措施的时候，能够承上启下，进行综合考虑，使得从源头上避免该类因素的产生，并且能够有效抑制由于该因素发生而产生的连锁反应。

采用统计性描述，揭示不良的企业组织影响如何通过组织流程等因素向下传递造成安全监管的失误，安全监管的错误决定了安全检查与培训等力度，决定了是否严格执行安全管理规章制度等，决定了对隐患是否漠视等，这些错误造成了不安全行为的前提条件，进一步影响了施工人员的工作状态，最终导致事故的发生。进行统计学分析的目的是提供邻近层次的不同种类之间因素的概率数据，以用来确定框架当中高层次对低层次因素的影响程度。一旦确定了自上而下的主要途径，就可以量化因素之间的相互作用，也有利于制定具有针对性的安全防范措施与整改措施。

## 二、安全管理体系

### （一）安全管理体系内容

#### 1. 建立健全安全生产责任制

安全生产责任制是安全管理的核心，是保障安全生产的重要手段，能有效地预防事故的发生。

安全生产责任制是根据“管生产必须管安全”“安全生产人人有责”的原则。明确各级领导和各职能部门及各类人员在生产活动中应负的安全职责的制度。有些安全生产责任制，就能把安全与生产从组织形式上统一起来，把“管生产必须管安全”的原则从制度上固定下来，从而增强了各级管理人员的安全责任心，使安全管理纵向到底、横向到边、专管成线、群管成网、责任明确、协调配合、共同努力，真正把安全生产工作落到实处。

安全生产责任制的内容要分级制定和细化，如企业、项目、班组都应建立各级安全生产责任制，按其职责分工，确定各自的安全责任，并组织实施和考评，保证安全生产责任制的落实。

#### 2. 制定安全教育制度

安全教育制度是企业对职工进行安全法律、法规、规范、标准、安全知识和操作规程培训教育的制度，是增强职工安全意识的重要手段，是企业安全管理的一项重要内容。

安全教育制度内容应规定：定期和不定期安全教育的时间、应受教育的人员、教育的内容和形式，如新工人、外施队人员等进场前必须接受三级（公司、项目、班组）

安全教育。从事危险性较大的特殊工种的人员必须经过专门的培训机构培训合格后持证上岗，每年还必须进行一次安全操作规程的训练和再教育。对采用新工艺、新设备、新技术和变换工种的人员应进行安全操作规程和安全知识的培训和教育。

**3. 制定安全检查制度**

安全检查是发现隐患、消除隐患、防止事故、改善劳动条件和环境的重要措施，是企业预防安全生产事故的一项重要手段。

安全检查制度内容应规定：安全检查负责人、检查时间、检查内容和检查方式。它包括经常性的检查、专业化的检查、季节性的检查和专项性的检查，以及群众性的检查等。对于检查出的隐患应进行登记，并采取定人、定时间、定措施的“三定”办法给予解决，同时对整改情况进行复查验收，彻底消除隐患。

**4. 制定各工种安全操作规程**

工种安全操作规程是消除和控制劳动过程中的不安全行为，预防伤亡事故，确保作业人员的安全和健康的需要的措施，也是企业安全管理的重要制度之一。

安全操作规程的内容应根据国家和行业安全生产法律、法规、标准、规范，结合施工现场的实际情况制定出各种安全操作规程。同时根据现场使用的新工艺、新设备、新技术，制定出相应的安全操作规程，并监督其实施。

**5. 制定安全生产奖罚办法**

企业制定安全生产奖罚办法的目的是不断提高劳动者进行安全生产的自觉性，调动劳动者的积极性和创造性，防止和纠正违反法律、法规和劳动纪律的行为，也是企业安全管理重要制度之一。

安全生产奖罚办法规定奖罚的目的、条件、种类、数额、实施程序等。企业只有建立安全生产奖罚办法，做到有奖有罚、奖罚分明，才能鼓励先进、督促落后。

**6. 制定施工现场安全管理规定**

施工现场安全管理规定是施工现场安全管理制度的基础，目的是规范施工现场安全防护设施的标准化、定型化。

施工现场安全管理规定的内容包括：施工现场一般安全规定、安全技术管理、脚手架工程安全管理（包括特殊脚手架、工具式脚手架等）、电梯井操作平台安全管理、马路搭设安全管理、大模板拆装存放安全管理、水平安全网、井字架龙门架安全管理、孔洞临边防护安全管理、拆除工程安全管理等。

**7. 制定机械设备安全管理制度**

机械设备是指目前建筑施工普遍使用的垂直运输和加工机具，由于机械设备本身存在一定的危险性。管理不当就可能造成机毁人亡。所以它是目前施工安全管理的重点对象。

机械设备安全管理制度应规定，大型设备应到上级有关部门备案，符合国家和行业有关规定，还应设专人负责定期进行安全检查、保养，保证机械设备处于良好的状态，以及各种机械设备的安全管理制度。

8. 制定施工现场临时用电安全管理制度

施工现场临时用电是目前建筑施工现场离不开的一项操作，由于其使用广泛、危险性比较大，因此它牵涉到每个劳动者的安全，也是施工现场一项重要的安全管理制度。

施工现场临时用电管理制度的内容应包括外电的防护、地下电缆的保护、设备的接地与接零保护、配电箱的设置及安全管理规定（总箱、分箱、开关箱）、现场照明、配电线路、电器装置、变配电装置、用电档案的管理等。

9. 制定劳动防护用品管理制度

使用劳动防护用品是为了减轻或避免劳动过程中，劳动者受到的伤害和职业危害，保护劳动者安全健康的一项预防性辅助措施，是安全生产防止职业性伤害的需要，对于减少职业危害起着相当重要的作用。

劳动防护用品制度的内容应包括安全网、安全帽、安全带、绝缘用品、防职业病用品等。

### （二）建立健全安全组织机构

施工企业一般都有安全组织机构，但必须建立健全项目安全组织机构，确定安全生产目标，明确参与各方对安全管理的具体分工，安全岗位责任与经济利益挂钩，根据项目的性质规模不同，采用不同的安全管理模式。对于大型项目，必须安排专门的安全总负责人，并配以合理的班子，共同进行安全管理，建立安全生产管理的资料档案。实行单位领导对整个施工现场负责，专职安全员对部位负责，班组长和施工技术员对各自的施工区域负责，操作者对自己的工作范围负责的“四负责”制度。

### （三）安全管理体系建立步骤

1. 领导决策

最高管理者亲自决策，以便获得各方面的支持和在体系建立过程中所需的资源保证。

2. 成立工作组

最高管理者或授权管理者代表成立的工作小组负责建立安全管理体系。工作小组的成员要覆盖组织的主要职能部门，组长最好由管理者代表担任，以保证小组对人力、资金、信息的获取。

**3. 人员培训**

培训的目的是使有关人员了解建立安全管理体系的重要性，了解标准的主要思想和内容。

**4. 初始状态评审**

初始状态评审要对组织过去和现在的安全信息、状态进行收集、调查分析、识别和获取现有的、适用的法律、法规和其他要求，进行危险源辨识和风险评价，评审的结果将作为制定安全方针、管理方案、编制体系文件的基础。

**5. 制订方针、目标、指标的管理方案**

方针是组织对其安全行为的原则和意图的声明，也是组织自觉承担其责任和义务的承诺。方针不仅为组织确定了总的指导方向和行动准则，而是评价一切后续活动的依据，并为更加具体的目标和指标提供一个框架。

安全目标、指标的制定是组织为了实现其在安全方针中所体现出的管理理念及其对整体绩效的期许与原则，与企业的总目标相一致。

管理方案是实现目标、指标的行动方案。为保证安全管理体系的实现，需结合年度管理目标和企业客观实际情况，策划制订安全管理方案。该方案应明确旨在实现目标、指标的相关部门的职责、方法、时间表以及资源的要求。

# 第三节　施工安全控制与安全应急预案

## 一、施工安全控制

### （一）安全操作要求

**1. 爆破作业**

（1）爆破器材的运输

气温低于 10℃运输易冻的硝化甘油炸药时，应采取防冻措施；气温低于 -15℃运输硝化甘油炸药时，也应采取防冻措施；禁止用翻斗车、自卸汽车、拖车、机动三轮车、人力三轮车、摩托车和自行车等运输爆破器材；运输炸药雷管时，装车高度要低于车厢 10cm。车厢、船底应加软垫。雷管箱不许倒放或立放，层间也应垫软垫；水路运输爆破器材，停泊地点距岸上建筑物不得小于 250m；汽车运输爆破器材，汽车的排气管宜设在车前下侧，并应设置防火罩装置；汽车在视线良好的情况下行驶时，时速不得超过 20km（工区内不得超过 15km）；在弯多坡陡、路面狭窄的山区行驶，时速应保持在 5km 以内。平坦道路行车间距应大于 50m，上下坡应大于 300m。

（2）爆破

明挖爆破音响依次发出预告信号（现场停止作业，人员迅速撤离）、准备信号、起爆信号、解除信号。检查人员确认安全后，由爆破作业负责人通知警报室发出解除信号。在特殊情况下，如准备工作尚未结束，应由爆破负责人通知警报室延后发布起爆信号，并用广播器通知现场全体人员。装药和堵塞应使用木、竹制作的炮棍。严禁使用金属棍棒装填。

深孔、竖井、倾角大于 30° 的斜井、有瓦斯和粉尘爆炸危险等工作面的爆破，禁止采用火花起爆；炮孔的排距较密时，导火索的外露部分不得超过 1.0m，以防止导火索互相交错而起火；一人连续单个点火的火炮，暗挖不得超过 5 个，明挖不得超过 10 个；并应在爆破负责人指挥下，做好分工及撤离工作；当信号炮响后，全部人员应立即撤出炮区，迅速到安全地点掩蔽；点燃导火索应使用专用点火工具，禁止使用火柴和打火机等。

导爆索只准用快刀切割，不得用剪刀剪断导火索；支线要顺主线传爆方向连接，搭接长度不应少于 15cm，支线与主线传爆方向的夹角应不大于 90° ；起爆导爆索的雷管，其聚能穴应朝向导爆索的传爆方向；导爆索交叉敷设时，应在两根交叉爆索之间设置厚度不小于 10cm 的木质垫板；连接导爆索中间不应出现断裂破皮、打结或打圈现象。

用导爆管起爆时，应有设计起爆网络，并进行传爆试验；网络中所使用的连接元件应经过检验合格；禁止导爆管打结，禁止在药包上缠绕；网络的连接处应牢固，两元件应相距 2m；敷设后应严加保护，防止冲击或损坏；一个 8 号雷管起爆导爆管的数量不宜超过 40 根，层数不宜超过 3 层，只有确认网络连接正确，与爆破无关人员已经撤离，才准许接入引爆装置。

2. **起重作业**

钢丝绳的安全系数应符合有关规定。根据起重机的额定负荷，计算好每台起重机的吊点位置，最好采用平衡梁抬吊。每台起重机所分配的荷重不得超过其额定负荷的 75% ~ 80%。应有专人统一指挥，指挥者应站在两台起重机司机都能看到的位置。重物应保持水平，钢丝绳应保持铅直受力均衡。具备有关部门批准的安全技术措施。起吊重物离地面 10cm 时，应停机检查绳扣、吊具和吊车的刹车可靠性，仔细观察周围有无障碍物。确认无问题后，方可继续起吊。

3. **脚手架拆除作业**

拆脚手架前，必须将电气设备和其他管、线、机械设备等拆除或加以保护。拆脚手架时，应统一指挥，按顺序自上而下进行；严禁上下层同时拆除或自下而上进行。拆下的材料，禁止往下抛掷，应用绳索捆牢，用滑车、卷扬等方法慢慢放下来，集中堆放在指定地点。拆脚手架时，严禁采用将整个脚手架推倒的方法进行拆除。三级、特级及悬空高处作业使用的脚手架拆除时，必须事先制订安全可靠的措施才能进行拆除。拆除脚手架的区域内，无关人员禁止逗留和通过，在交通要道应设专人警戒。架子搭成后，未经有关人员同意，不得任意改变脚手架的结构和拆除部分杆子。

4. **常用安全工具**

安全帽、安全带、安全网等施工生产使用的安全防护用具，应符合国家规定的质量标准，具有厂家安全生产许可证、产品合格证和安全鉴定合格证书，否则不得采购、发放和使用。高处临空作业应按规定架设安全网，作业人员使用的安全带，应挂在牢固的物体上或可靠的安全绳上，安全带严禁低挂高用。挂安全带用的安全绳，不宜超过 3m。在有毒有害气体可能泄漏的作业场所，应配置必要的防毒护具，以备急用，并及时检查维修更换，保证其处在良好待用状态。电气操作人员应根据工作条件选用适当的安全电工用具和防护用品，电工用具应符合安全技术标准并定期检查，凡不符合技术标准要求的绝缘安全用具、登高作业安全工具、携带式电压和电流指示器以及检修中的临时接地线等，均不得使用。

### （二）安全控制要点

1. **一般脚手架安全控制要点**

（1）脚手架搭设之前应根据工程的特点和施工工艺要求确定搭设（包括拆除）施工方案。

（2）脚手架必须设置纵、横向扫地杆。

（3）高度在 24m 以下的单、双排脚手架均必须在外侧立面的两端各设置一道剪刀撑并应由底至顶连续设置中间各道剪刀撑。剪刀撑及横向斜撑搭设应随立杆、纵向和横向水平杆等同步搭设，各底层斜杆下端必须支承在垫块或垫板上。

（4）高度在 24m 以下的单、双排脚手架宜采用刚性连墙件与建筑物可靠连接，亦可采用拉筋和顶撑配合使用的附墙连接方式，严禁使用仅有拉筋的柔性连墙件。24m 以上的双排脚手架必须采用刚性连墙件与建筑物可靠连接，连墙件必须采用可承受拉力和压力的构造。50m 以下（含 50m）脚手架连墙件，应按 3 步 3 跨进行布置，50m 以上的脚手架连墙件应按 2 步 3 跨进行布置。

**2. 一般脚手架检查与验收程序**

脚手架的检查与验收应由项目经理组织项目施工、技术、安全，作业班组负责人等有关人员参加，按照技术规范、施工方案、技术交底等有关技术文件对脚手架进行分段验收，在确认符合要求后方可投入使用。

**3. 附着式升降脚手架，整体提升脚手架或爬架作业安全控制要点**

附着式升降脚手架（整体提升脚手架或爬架）作业要针对提升工艺和施工现场作业条件编制专项施工方案，专项施工方案包括设计，施工，检查、维护和管理等全部内容。

安装搭设必须严格按照设计要求和规定程序进行，安装后经验收并进行荷载试验，确认符合设计要求后，方可正式使用。

进行提升和下降作业时，架上人员和材料的数量不得超过设计规定并尽可能减少。

升降前必须仔细检查附着连接和提升设备的状态是否良好，发现异常应及时查找原因并采取措施解决。

升降作业应统一指挥、协调动作。

在安装、升降、拆除作业时，应划定安全警戒范围并安排专人进行监护。

**4. 洞口、临边防护控制**

（1）洞口作业安全防护基本规定

第一，各种楼板与墙的洞口按其大小和性质应分别设置牢固的盖板、防护栏杆、安全网或其他防坠落的防护设施。

第二，坑槽、桩孔的上口柱形、条形等基础的上口以及天窗等处都要作为洞口采取符合规范的防护措施。

第三，楼梯口、楼梯口边应设置防护栏杆或者用正式工程的楼梯扶手代替临时防护栏杆。

第四，井口除设置固定的栅门外还应在电梯井内每隔两层不大于 10m 处设一道安全平网进行防护。

第五，在建工程的地面入口处和施工现场人员流动密集的通道上方应设置防护棚，防止因落物产生物体打击事故。

第六，施工现场大的坑槽、陡坡等处除需设置防护设施与安全警示标牌外，夜间还应设红灯示警。

（2）洞口的防护设施要求

第一，楼板、屋面和平台等面上短边尺寸小于 25cm 但大于 2.5cm 的孔口必须用坚实的盖板盖严，盖板要有防止挪动移位的固定措施。

第二，楼板面等处边长为 25 ~ 50cm 的洞口、安装预制构件时的洞口以及因缺件临时形成的洞口可用竹、木等做盖板盖住洞口，盖板要保持四周搁置均衡并有固定其位置不发生挪动移位的措施。

第三，边长为 50 ~ 150cm 的洞口必须设置一层以扣件连接钢管而成的网格栅，并在其上满铺竹篱笆或脚手板，也可采用贯穿于混凝土板内的钢筋构成防护网栅、钢盘网格，间距不得大于 20cm。

第四，边长在 150cm 以上的洞口四周必须设防护栏杆，洞口下方设安全平网防护。

（3）施工用电安全控制

①施工现场临时用电设备在 5 台及以上或设备总容量在 50kW 及以上者应编制用电组织设计。临时用电设备在 5 台以下和设备总容量在 50kW 以下者应制订安全用电和电气防火措施。

②变压器中性点直接接地的低压电网临时用电工程必须采用 TN-S 接零保护系统。

③当施工现场与外线路共同采用同一供电系统时，电气设备的接地、接零保护应与原系统保持一致，不得一部分设备做保护接零，另一部分设备做保护接地。

④配电箱的设置

第一，施工用电配电系统应设置总配电箱配电柜、分配电箱、开关箱，并按照“总—分—开”顺序作分级设置形成“三级配电”模式。

第二，施工用电配电系统各配电箱、开关箱的安装位置要合理。总配电箱配电柜要尽量靠近变压器或外电源处以便于电源的引入。分配电箱应尽量安装在用电设备或负荷相对集中区域的中心地带，确保三相负荷保持平衡。开关箱安装的位置应视现场情况和工况尽量靠近其控制的用电设备。

第三，为保证临时用电配电系统三相负荷平衡施工现场的动力用电和照明用电应形成两个用电回路，动力配电箱与照明配电箱应该分别设置。

第四，施工现场所有用电设备必须有各自专用的开关箱。

第五，各级配电箱的箱体和内部设置必须符合安全规定，开关电器应标明用途，箱体应统一编号。停止使用的配电箱应切断电源，箱门上锁。固定式配电箱应设围栏并有防雨防砸措施。

⑤电器装置的选择与装配

在开关箱中作为末级保护的漏电保护器，其额定漏电动作电流不应大于 30mA，额定漏电动作时间不应大于 0.1s，在潮湿、有腐蚀性介质的场所中，漏电保护器要选用防溅型的产品，其额定漏电动作电流不应大于 15mA，额定漏电动作时间不应大于 0.1s。

⑥施工现场照明用电

第一，在坑、洞、井内作业，夜间施工或厂房、道路、仓库、办公室、食堂、宿舍、料具堆放场所及自然采光差的场所应设一般照明、局部照明或混合照明。一般场所宜选用额定电压220V的照明器。

第二，隧道、人防工程、高温、有导电灰尘、比较潮湿或灯具离地面高度低于2.5m等场所的照明电源电压不得大于36V。

第三，潮湿和易触及带电体场所的照明电源电压不得大于24V。

第四，特别潮湿场所、导电良好的地面、锅炉或金属容器内的照明电源电压不得大于12V。

第五，照明变压器必须使用双绕组型安全隔离变压器，严禁使用自耦变压器。

第六，室外220V灯具距地面不得低于3m，室内220V灯具距地面不得低于2.5m。

（4）垂直运输机械安全控制

①外用电梯安全控制要点

第一，外用电梯在安装和拆卸之前必须针对其类型特点说明书的技术要求，结合施工现场的实际情况制订详细的施工方案。

第二，外用电梯的安装和拆卸作业必须由取得相应资质的专业队伍进行安装完毕，经验收合格取得政府相关主管部门核发的准用证后方可投入使用。

第三，外用电梯在大雨、大雾和六级及六级以上大风天气时应停止使用。暴风雨过后应组织对电梯各有关安全装置进行一次全面检查。

②塔式起重机安全控制要点

第一，塔吊在安装和拆卸之前必须针对类型特点说明书的技术要求结合作业条件制订详细的施工方案。

第二，塔吊的安装和拆卸作业必须由取得相应资质的专业队伍进行安装完毕，经验收合格取得政府相关主管部门核发的准用证后方可投入使用。

第三，遇六级及六级以上大风等恶劣天气应停止作业将吊钩升起。行走式塔吊要夹好轨钳。当风力达十级以上时应在塔身结构上设置缆风绳或采取其他措施加以固定。

## 二、安全应急预案

### （一）事故应急预案

为控制重大事故的发生，防止事故蔓延，有效地组织抢险和救援，政府和生产经营单位应对已初步认定的危险场所和部位进行风险分析。对认定的危险有害因素和重大危险源，应事先对事故后果进行模拟分析，预测重大事故发生后的状态、人员伤亡情况及设备破坏和损失程度，以及由于物料的泄漏可能引起的火灾、爆炸，有毒有害物质扩散对单位可能造成的影响。

依据预测，提前制订重大事故应急预案，组织、培训事故应急救援队伍，配备事故应急救援器材，以便在重大事故发生后，能及时按照预定方案进行救援，在最短时间内使事故得到有效控制。

### （二）应急预案的编制

事故应急预案的编制过程可分为 4 个步骤。

#### 1. 成立事故预案编制小组

应急预案的成功编制需要有关职能部门和团体的积极参与，并达成一致意见，尤其是应寻求与危险直接相关的各方进行合作。成立事故应急预案编制小组是将各有关职能部门、各类专业技术有效结合起来的最佳方式，可有效地保证应急预案的准确性、完整性和实用性，而且为应急各方提供了一个非常重要的协作与交流机会，有利于统一应急各方的不同观点和意见。

#### 2. 危险分析和应急能力评估

为了准确策划事故应急预案的编制目标和内容，应开展危险分析和应急能力评估工作。为有效开展此项工作，预案编制小组首先应进行初步的资料收集，包括相关法律法规、应急预案、技术标准、国内外同行业事故案例分析、本单位技术资料、重大危险源等。

#### 3. 应急预案编制

针对可能发生的事故，结合危险分析和应急能力评估结果等信息，按照应急预案的相关法律法规的要求编制应急救援预案。应急预案编制过程中，应注意编制人员的参与和培训，充分发挥他们各自的专业优势，使他们掌握危险分析和应急能力评估结果，明确应急预案的框架、应急过程行动重点以及应急衔接、联系要点等。同时编制的应急预案应充分利用社会应急资源，考虑与政府应急预案、上级主管单位以及相关部门的应急预案相衔接。

#### 4. 应急预案的评审和发布

（1）应急预案的评审

为使预案切实可行、科学合理以及与实际情况相符，尤其是重点目标下的具体行动预案，编制前后需要组织有关部门、单位的专家、领导到现场进行实地勘察，如重点目标周围地形、环境、指挥所位置、分队行动路线、展开位置、人口疏散道路及流散地域等实地勘察、实地确定。经过实地勘察修改预案后，应急预案编制单位或管理部门还要依据我国有关应急的方针、政策、法律、法规、规章、标准和其他有关应急预案编制的指南性文件与评审检查表，组织有关部门、单位的领导和专家进行评议，取得政府有关部门和应急机构的认可。

（2）应急预案的发布

事故应急救援预案经评审通过后，应由最高行政负责人签署发布，并报送有关部门和应急机构备案。预案经批准发布后，应组织落实预案中的各项工作，如开展应急预案宣传、教育和培训，落实应急资源并定期检查，组织开展应急演习和训练，建立电子化的应急预案，对应急预案实施动态管理与更新，并不断完善。

## （三）事故应急预案主要内容

一个完整的事故应急预案主要包括以下6个方面的内容：

**1. 事故应急预案概况**

事故应急预案概况主要描述生产经营单位概况以及危险特性状况等，同时对紧急情况下事故应急救援紧急事件、适用范围提供简述并作必要说明，如明确应急方针与原则，作为开展应急的纲领。

**2. 预防程序**

预防程序是对潜在事故、可能的次生与衍生事故进行分析，并说明所采取的预防和控制事故的措施。

**3. 准备程序**

准备程序应说明应急行动前所需采取的准备工作，包括应急组织及其职责权限、应急队伍建设和人员培训、应急物资的准备、预案的演练、公众的应急知识培训、签订互助协议等。

**4. 应急程序**

在事故应急救援过程中，存在一些必需的核心功能和任务，如接警与通知、指挥与控制、警报和紧急公告、通信、事态监测与评估、警戒与治安、人群疏散与安置、医疗与卫生、公共关系、应急人员安全、消防和抢险、泄漏物控制等，无论何种应急过程都必须围绕上述功能和任务开展。

**5. 恢复程序**

恢复程序是说明事故现场应急行动结束后所需采取的清除和恢复行动。现场恢复是在事故被控制住后进行的短期恢复，从应急过程来说意味着事故应急救援工作的结束，并进入另一个工作阶段，即将现场恢复到一个基本稳定的状态。经验教训表明，在现场恢复的过程中往往仍存在潜在的危险，如余烬复燃、受损建筑物倒塌等，所以，应充分考虑现场恢复过程中的危险，制定恢复程序，防止事故再次发生。

**6. 预案管理与评审改进**

事故应急预案是事故应急救援工作的指导文件。应当对预案的制订、修改、更新、批准和发布做出明确的管理规定，保证定期或在应急演习、事故应急救援后对事故应急预案进行评审，针对各种变化的情况以及预案中所暴露出的缺陷，不断地完善事故应急预案体系。

### （四）应急预案的内容

综合应急预案是应急预案体系的总纲，主要从总体上阐述事故的应急工作原则，包括应急组织机构及职责、应急预案体系、事故风险描述、预警及信息报告、应急响应、保障措施、应急预案管理等内容。

专项应急预案是为应对某一类型或某几种类型事故，或者针对重要生产设施、重大危险源、重大活动等内容而制订的应急预案。专项应急预案主要包括事故风险分析、应急指挥机构及职责、处置程序和措施等内容。

现场处置方案是根据不同事故类别，针对具体的场所、装置或设施所制定的应急处置措施，主要包括事故风险分析、应急工作职责、应急处置和注意事项等内容。水利水电工程建设参建各方应根据风险评估、岗位操作规程以及危险性控制措施，组织本单位现场作业人员及相关专业人员共同编制现场处置方案。

应急预案应形成体系，针对各级各类可能发生的事故和所有危险源制订专项应急预案和现场处置方案，并明确事前、事发、事中、事后各个过程中相关单位、部门和有关人员的职责。水利水电工程建设项目应根据现场情况，详细分析现场具体风险（如某处易发生滑坡事故），编制现场处置方案，主要由施工企业编制，监理单位审核，项目法人备案；分析工程现场的风险类型（如人身伤亡），编写专项应急预案，由监理单位与项目法人起草，相关领导审核，向各施工企业发布；综合分析现场风险，应急行动、措施和保障等基本要求和程序，编写综合应急预案，由项目法人编写，项目法人领导审批，向监理单位、施工企业发布。

由于综合应急预案是综述性文件，因此需要要素全面，而专项应急预案和现场处置方案要素重点在于制定具体救援措施，因此对于单位概况等基本要素不做内容要求。

### （五）应急预案的编制步骤

#### 1. 成立预案编制工作组

水利水电工程建设参建各方应结合本单位实际情况，成立以主要负责人为组长的应急预案编制工作组，明确编制任务、职责分工，制订工作计划，组织开展应急预案编制工作。应急预案编制需要安全、工程技术、组织管理、医疗急救等各方面的知识，因此应急预案编制工作组是由各方面的专业人员或专家、预案制定和实施过程中所涉及或受影响的部门负责人及具体执行人员组成。必要时，编制工作组也可以邀请地方政府相关部门、水行政主管部门或流域管理机构代表作为成员。

2. 收集相关资料

收集应急预案编制所需的各种资料是一项非常重要的基础工作。掌握相关资料的多少、资料内容的详细程度和资料的可靠性将直接关系到应急预案编制工作是否能够顺利进行，以及能否编制出质量较高的事故应急预案。

3. 风险评估

风险评估是编制应急预案的关键，所有应急预案都建立在风险分析基础之上。在危险因素分析、危险源辨识及事故隐患排查、治理的基础上，确定本水利水电工程建设项目的危险源、可能发生的事故类型和后果，进行事故风险分析，并指出事故可能产生的次生、衍生事故及后果，形成分析报告，分析结果将作为事故应急预案的编制依据。

4. 应急能力评估

应急能力评估就是依据危险分析的结果，对应急资源准备状况的充分性和从事应急救援活动所具备的能力评估，以明确应急救援的需求和不足，为应急预案的编制奠定基础。水利水电工程建设项目应针对可能发生的事故及事故抢险的需要，实事求是地评估本工程的应急装备、应急队伍等应急能力。对于事故应急所需但本工程尚不具备的应急能力，应采取切实有效的措施予以弥补。

5. 应急预案编制

在以上工作的基础上，针对本水利水电工程建设项目可能发生的事故，按照有关规定和要求，充分借鉴国内外同行业事故应急工作经验，编制应急预案。应急预案编制过程中，应注重编制人员的参与和培训，充分发挥他们各自的专业优势，告知其风险评估和应急能力评估结果，明确应急预案的框架、应急过程行动重点以及应急衔接、联系要点等。同时，应急预案应充分考虑和利用社会应急资源，并与地方政府、流域管理机构、水行政主管部门以及相关部门的应急预案相衔接。

6. 应急预案评审

（1）评审方法

应急预案评审分为形式评审和要素评审，评审可采取符合、基本符合、不符合三种方式简单判定。对于基本符合和不符合的项目，应提出指导性意见或建议。

①形式评审

依据有关规定和要求，对应急预案的层次结构、内容格式、语言文字和制定过程等内容进行审查。形式评审的重点是应急预案的规范性和可读性。

②要素评审

依据有关规定和标准，从符合性、适用性、针对性、完整性、科学性、规范性和衔接性等方面对应急预案进行评审。要素评审包括关键要素和一般要素。为细化评审，可采用列表方式分别对应急预案的要素进行评审。评审应急预案时，将应急预案的要素内容与表中的评审内容及要求进行对应分析，判断是否符合表中要求，发现存在问题及不足。

关键要素指应急预案构成要素中必须规范的内容。这些要素内容涉及水利水电工程建设项目参建各方日常应急管理及应急救援时的关键环节，如应急预案中的危险源与风险分析、组织机构及职责、信息报告与处置、应急响应程序与处置技术等要素。

一般要素指应急预案构成要素中简写或可省略的内容。这些要素内容不涉及参建各方日常应急管理及应急救援时的关键环节，而是预案构成的基本要素，如应急预案中的编制目的、编制依据、适用范围、工作原则、单位概况等要素。

（2）评审程序

应急预案编制完成后，应在广泛征求意见的基础上，采取会议评审的方式进行审查，会议审查规模和参加人员根据应急预案涉及范围和重要程度确定。

①评审准备

应急预案评审应做好下列准备工作：

成立应急预案评审组，明确参加评审的单位或人员；

通知参加评审的单位或人员具体评审时间；

将被评审的应急预案在评审前送达参加评审的单位或人员。

②会议评审

会议评审可按照下列程序进行：

介绍应急预案评审人员构成，推选会议评审组组长；

应急预案编制单位或部门向评审人员介绍应急预案编制或修订情况；

评审人员对应急预案进行讨论，提出修改和建设性意见；

应急预案评审组根据会议讨论情况，提出会议评审意见；

讨论通过会议评审意见，参加会议评审人员签字。

③意见处理

评审组组长负责对各位评审人员的意见进行协调和归纳，综合提出预案评审的结论性意见。按照评审意见，对应急预案存在的问题以及不合格项进行分析研究，并对应急预案进行修订或完善。反馈意见要求重新审查的，应按照要求重新组织审查。

（3）评审要点

应急预案评审应包括下列内容：

①符合性

应急预案的内容是否符合有关法规、标准和规范的要求。

②适用性

应急预案的内容及要求是否符合单位实际情况。

③完整性

应急预案的要素是否符合评审表规定的要素。

④针对性

应急预案是否针对可能发生的事故类别、重大危险源、重点岗位部位。

⑤科学性

应急预案的组织体系、预防预警、信息报送、响应程序和处置方案是否合理。

⑥规范性

应急预案的层次结构、内容格式、语言文字等是否简洁明了，便于阅读和理解。

⑦衔接性

综合应急预案、专项应急预案、现场处置方案以及其他部门或单位预案是否衔接。

### （六）应急预案管理

#### 1. 应急预案备案

中央管理的企业综合应急预案和专项应急预案，报国务院国有资产监督管理部门、国务院安全生产监督管理部门和国务院有关主管部门备案；其所属单位的应急预案分别抄送所在地的省、自治区、直辖市或者设区的市人民政府安全生产监督管理部门和有关主管部门备案。

受理备案登记的安全生产监督管理部门及有关主管部门应当对应急预案进行形式审查，经审查符合要求的，予以备案并出具应急预案备案登记表；不符合要求的，不予备案并说明理由。

#### 2. 应急预案宣传与培训

应急预案宣传和培训工作是保证预案贯彻实施的重要手段，是增强参建人员应急意识，提高事故防范能力的重要途径。

水利水电工程建设参建各方应采取不同方式开展安全生产应急管理知识和应急预案的宣传和培训工作。对本单位负责应急管理工作的人员以及专职或兼职应急救援人员进行相应知识和专业技能培训，同时，加强对安全生产关键责任岗位员工的应急培训，使其掌握生产安全事故的紧急处置方法，增强自救互救和第一时间处置事故的能力。在此基础上，确保所有从业人员具备基本的应急技能，熟悉本单位应急预案，掌握本岗位事故防范与处置措施和应急处置程序，提高应急水平。

#### 3. 应急预案演练

应急预案演练是应急准备的一个重要环节。通过演练，可以检验应急预案的可行性和应急反应的准备情况；通过演练，可以发现应急预案存在的问题，完善应急工作机制，提高应急反应能力；通过演练，可以锻炼队伍，提高应急队伍的作战能力，熟悉操作技能；通过演练，可以教育参建人员，增强其危机意识，提高安全生产工作的自觉性。为此，预案管理和相关规章中都应有对应急预案演练的要求。

4. 应急预案修订与更新

应急预案必须与工程规模、机构设置、人员安排、危险等级、管理效率及应急资源等状况相一致。随着时间推移，应急预案中包含的信息可能会发生变化。因此，为了不断完善和改进应急预案并保持预案的时效性，水利水电工程建设参建各方应根据本单位实际情况，及时更新和修订应急预案。

应急预案修订前，应组织对应急预案进行评估，以确定是否需要进行修订以及哪些内容需要修订。通过对应急预案更新与修订，可以保证应急预案的持续适应性。同时，更新的应急预案内容应通过有关负责人认可，并及时通告相关单位、部门和人员；修订的预案版本应经过相应的审批程序，并及时发布和备案。

## 第四节　安全健康管理体系与安全事故处理

### 一、安全健康管理体系认证

职业健康安全管理的目标使企业的职业伤害事故、职业病持续减少。实现这一目标的重要组织保证体系，是企业建立持续有效并不断改进的职业健康安全管理体系（Occupational safety and health management systems，简称 OSHMS）。其核心是要求企业采用现代化的管理模式、使包括安全生产管理在内的所有生产经营活动科学、规范并有效，通过建立安全健康风险的预测、评价、定期审核和持续改进完善机制，从而预防事故发生和控制职业危害。

#### （一）管理体系认证程序

建筑企业可参考如下步骤来制订建立与实施职业安全健康管理体系的推进计划。

1. 学习与培训

职业安全健康管理体系的建立和完善的过程，是始于教育、终于教育的过程，也是提高认识和统一认识的过程。教育培训要分层次、循序渐进地进行，需要企业所有人员的参与和支持。在全员培训基础上，要有针对性地抓好管理层和内审员的培训。

2. 初始评审

初始评审的目的是为职业安全健康管理体系建立和实施提供基础，为职业安全健康管理体系的持续改进建立绩效基准。

初始评审主要包括以下内容：

（1）收集相关的职业安全健康法律、法规和其他要求，对其适用性及需遵守的内容进行确认，并对遵守情况进行调查和评价；

（2）对现有的或计划的建筑施工相关活动进行危害辨识和风险评价；

（3）确定现有措施或计划采取的措施是否能够消除危害或控制风险；

（4）对所有现行职业安全健康管理的规定、过程和程序等进行检查，并评价其对管理体系要求的有效性和适用性；

（5）分析以往建筑安全事故情况以及员工健康监护数据等相关资料，包括人员伤亡、职业病、财产损失的统计、防护记录和趋势分析；

（6）对现行组织机构、资源配备和职责分工等进行评价。

初始评审的结果应形成文件，并作为建立职业安全健康管理体系的基础。

3. 体系策划

根据初始评审的结果和本企业的资源，进行职业安全健康管理体系的策划。策划工作主要包括：

（1）确立职业安全健康方针；

（2）制订职业安全健康体系目标及其管理方案；

（3）结合职业安全健康管理体系要求进行职能分配和机构职责分工；

（4）确定职业安全健康管理体系文件结构和各层次文件清单；

（5）为建立和实施职业安全健康管理体系准备必要的资源；

（6）文件编写。

4. 体系试运行

各个部门和所有人员都按照职业安全健康管理体系的要求开展相应的安全健康管理和建筑施工活动，对职业安全健康管理体系进行试运行，以检验体系策划与文件化规定的充分性、有效性和适宜性。

5. 评审完善

通过职业安全健康管理体系的试运行，特别是依据绩效监测和测量、审核以及管理评审的结果，检查与确认职业安全健康管理体系各要素是否按照计划安排有效运行，是否达到了预期的目标，并采取相应的改进措施，使所建立的职业安全健康管理体系得到进一步的完善。

## （二）管理体系认证的重点

### 1. 建立健全组织体系

建筑企业的最高管理者应对保护企业员工的安全与健康负全面责任，并应在企业内设立各级职业安全健康管理的领导岗位，针对那些对其施工活动、设施（设备）和管理过程的职业安全健康风险有一定影响的从事管理、执行和监督的各级管理人员，规定其作用、职责和权限，以确保职业安全健康管理体系的有效建立、实施与运行并实现职业安全健康目标。

### 2. 全员参与及培训

建筑企业为了有效地开展体系的策划、实施、检查与改进工作，必须基于相应的培训来确保所有相关人员均具备必要的职业安全健康知识，熟悉有关安全生产规章制度和安全操作规程，正确使用和维护安全和职业病防护设备及个体防护用品，具备本岗位的安全健康操作技能，及时发现和报告事故隐患或者其他安全健康危险因素。

### 3. 协商与交流

建筑企业应通过建立有效的协商与交流机制，确保员工及其代表在职业安全健康方面的权利，并鼓励他们参与职业安全健康活动，促进各职能部门之间的职业安全健康信息交流和及时接收处理相关方关于职业安全健康方面的意见和建议，为实现建筑企业职业安全健康方针和目标提供支持。

### 4. 应急预案与响应

建筑企业应依据危害体系文件的层次关系辨识、风险评价和风险控制的结果、法律法规等的要求，以往事故、事件和紧急状况的经历以及应急响应演练及改进措施效果的评审结果，针对施工安全事故、火灾、安全控制设备失灵、特殊气候、突然停电等潜在事故或紧急情况从预案与响应的角度建立并保持应急计划。

### 5. 评价

评价的目的是要求建筑企业定期或及时地发现其职业安全健康管理体系的运行过程或体系自身所在的问题，并确定问题产生的根源或需要持续改进的地方。体系评价主要包括绩效测量与监测、事故和事件以及不符合的调查、审核、管理评审。

### 6. 改进措施

改进措施的目的是要求建筑企业针对组织职业安全健康管理体系绩效测量与监测、事故和事件，以及不符合的调查、审核以及管理评审活动所提出的纠正与预防措施的要求，制订具体的实施方案并予以保持，确保体系的自我完善功能，并依据管理评审等评价的结果，不断寻求方法持续改进建筑企业自身职业安全健康管理体系及其职业安全健康绩效，从而不断消除、降低或控制各类职业安全健康危害和风险。职业安全健康管理体系的改进措施主要包括纠正与预防措施和持续改进两个方面。

## 二、安全事故处理

水利工程施工安全是指在施工过程中，工程组织方应该采取必要的安全措施和手段来保证。施工人员的生命和健康安全，降低安全事故的发生概率。

### （一）概述

1. 概念

工伤事故就是企业员工在为公司或工厂进行施工建设中因为某种原因造成的工伤亡事故。从目前的情况来看，除了施工单位的员工以外，工伤事故的发生群体还包括民工、临时工和参加生产劳动的学生、教师、干部等。

2. 伤亡事故的分类

一般来说，伤亡事故的分类都是根据受伤害者受到的伤害程度进行划分的。

（1）轻伤

轻伤是职工受到伤害程度最低的一种工伤事故，按照相关法律的规定，员工如果受到轻伤而造成歇工一天或一天以上就应视为轻伤事故处理。

（2）重伤事故

重伤的情况分为很多种，一般来说凡是有下列情况之一者，都属于重伤，做重伤事故处理。

①经医生诊断成为残废或可能成为残废的；

②伤势严重，需要进行较大手术才能挽救的；

③人体要害部位严重灼伤、烫伤或非要害部位，但灼伤、烫伤占全身面积 1/3 以上的；严重骨折，严重脑震荡等；

④眼部受伤较重，对视力产生影响，甚至有失明可能的；

⑤手部伤害：大拇指轧断一切的，食指、中指、无名指任何一只轧断两节或任何两只轧断一节的局部肌肉受伤严重，引起机能障碍，有不能自由伸屈的残废可能的；

⑥脚部伤害：一脚脚趾轧断三只以上的，局部肌肉受伤严重，有不能行走自如的残废的可能的；内部伤害，内脏损伤、内出血或伤及腹膜等；

⑦其他部位伤害严重的：不在上述各点内，经医师诊断后，认为受伤较重，根据实际情况由当地劳动部门审查认定。

（3）多人事故

在施工过程中如果出现多人（3 人或 3 人以上）受伤的情况，那么应认定为多人工伤事故处理。

（4）急性中毒

急性中毒是指由于食物、饮水、接触物等原因造成的员工中毒。急性中毒会对受害者的机体造成严重的伤害，一般作为工伤事故处理。

（5）重大伤亡事故

重大伤亡事故是指在施工过程中，由于事故造成一次死亡 1 ～ 2 人的事故，应作重大伤亡处理。

（6）多人重大伤亡事故

多人重大伤亡事故是指在施工过程中，由于事故造成一次死亡 3 人或 3 人以上 10 人以下的重大工伤事故。

（7）特大伤亡事故

特大伤亡事故是指在施工过程中，由于事故造成一次死亡 10 人或 10 人以上的伤亡事故。

### （二）事故处理程序

一般来说如果在施工过程中发生重大伤亡事故，企业负责人员应在第一时间组织伤员的抢救，并及时将事故情况报告给各有关部门，具体来说主要分为以下三个主要步骤。

**1. 迅速抢救伤员、保护好事故现场**

在工伤事故发生之后，施工单位的负责人应迅速组织人员对伤员展开抢救，并拨打 120 急救热线，另外，还要保护好事故现场，帮助劳动责任认定部门进行劳动责任认定。

**2. 组织调查组**

轻伤、重伤事故，由企业负责人或其指定人员组织生产、技术、安全等部门及工会组成事故调查组，进行调查；伤亡事故，由企业主管部门会同同级行政安全管理部门、公安部门、监察部门、工会组成事故调查组，进行调查。死亡和重大死亡事故调查组应邀请人民检察院参加，还可邀请有关专业技术人员参加，与发生事故有直接利害关系的人员不得参加调查组。

**3. 现场勘察**

（1）做出笔录

通常情况下，笔录的内容包括事发时间、地点以及气象条件等；现场勘察人员的姓名、单位、职务；现场勘察起止时间、勘察过程；能量逸散所造成的破坏情况、状态、程度；设施设备损坏情况及事故发生前后的位置；事故发生前的劳动组合，现场人员的具体位置和行动；重要物证的特征、位置及检验情况等。

（2）实物拍照

包括方位拍照，反映事故现场周围环境中的位置；全面拍照，反映事故现场各部位之间的联系；中心拍照，反映事故现场中心情况；细目拍照，提示事故直接原因的痕迹物、致害物；人体拍照，反映伤亡者主要受伤和造成伤害的部位。

（3）现场绘图

根据事故的类别和规模以及调查工作的需要应绘制：建筑物平面图、剖面图；事故发生时人员位置及疏散图；破坏物立体图或展开图；涉及范围图；设备或工、器具构造图等。

（4）分析事故原因、确定事故性质

分析的步骤和要求是：

①通过详细的调查、查明事故发生的经过；

②整理和仔细阅读调查资料，对受伤部位、受伤性质、起因物、致害物、伤害方法、不安全行为和不安全状态等七项内容进行分析；

③根据调查所确认的事实，从直接原因入手，逐渐深入到间接原因。通过对原因的分析、确定事故的直接责任者和领导责任者，根据在事故发生中的作用，找出主要责任者；

④确定事故的性质。如责任事故、非责任事故或破坏性事故。

（5）写出事故调查报告

事故调查组应着重把事故发生的经过、原因、责任分析和处理意见以及本次事故的教训和改进工作的建议等写成报告，调查组全体人员签字后报批。如内部意见不统一，应进一步弄清事实，对照政策法规反复研究，统一认识。对于个别同志仍持有不同意见的，可在签字时写明自己的意见。

（6）事故的审理和结案

建设部对事故的审批和结案有以下几点要求：

①事故调查处理结论，应经有关机关审批后，方可结案。伤亡事故处理工作应当在 90 日内结案，特殊情况不得超过 180 日；

②事故案件的审批权限，同企业的隶属关系及人事管理权限一致；

③对事故责任人的处理，应根据其情节轻重和损失大小，谁有责任，主要责任，其次责任，重要责任，一般责任，还是领导责任等，按规定给予处分；

④要把事故调查处理的文件、图纸、照片、资料等记录长期完整地保存起来。

# 参考文献

[1] 吴珂 . 浅谈小型水利工程建设项目管理 [J]. 甘肃农业 , 2002(5):20.

[2] 温秋玲 , 钟文彪 . 水利工程建设项目管理 [J]. 中国科技博览 , 2010(11):1.

[3] 温震 . 水利工程建设项目管理系统的设计与开发 [J]. 数字化用户 , 2017, 23(035):39.

[4] 汤丽艳 , 董增禄 . 水利工程建设项目管理及管理体制的分析 [J]. 科学技术创新 , 2010(9):241-241.

[5] 董闯 . 水利工程建设项目管理系统的设计与开发 [J]. 中文科技期刊数据库（全文版）工程技术 ,202,(09):15.

[6] 任秦晋 . 浅谈水利工程建设项目管理 [J]. 地下水 , 2004, 26(1):25.

[7] 孙国勋 . 水利工程项目管理远程在线服务系统设计与实现 [D]. 电子科技大学 ,2023.

[8] 魏艳红 . 浅谈如何做好水利工程建设项目档案管理工作 [J]. 商品与质量：房地产研究 , 2014(7):1.

[9] 刘亚魁 . 农业综合开发中水利工程建设项目的管理 [J]. 水电水利 , 2020, 4(6):109.

[10] 水利部水利建设与管理总站 . 水利工程建设项目施工投标与承包管理 [M]. 中国计划出版社 ,2006.

[11] 蔡瑞平 , 要中华 , 李彩琴 . 水利工程项目管理风险控制研究 [J]. 现代物业 ( 上旬刊 ), 2012.(2):40.

[12] 王水娟 . 新形势下水利工程项目管理的提升途径 [J]. 城市建设理论研究 : 电子版 , 2016, (005):1-3.

[13] 戴金水 , 徐海升 , 毕元章 . 水利工程项目建设管理 [M]. 郑州：黄河水利出版社 ,2008.

[14] 王火利 , 章润娣 . 水利水电工程建设项目管理 [M]. 北京：中国水利水电出版社 ,2005.

[15]LI Zhe,TAN Debao,ZHANG Sui, 等 . 水利工程建设项目管理系统的设计与开发 [J]. 长江科学院院报 , 31(1)[2023-09-15].

[16] 吴忠乐 . 水利工程建设项目管理探讨 [J]. 建筑学研究前沿：英文版 , 2012, (005):P.179-179.

[17] 曾德臣 . 小型水利工程建设项目管理 [J]. 科教文汇 , 2007.

[18] 李林 . 水利工程建设项目管理系统的设计与开发 [J]. 建筑工程技术与设计 , 2018, (008):3615.

[19] 彭立前 , 武长松 , 张继真 , 等 . 一种针对水利工程建设项目管理的集成系统 :CN202210135294.3[P].CN202210135294.3[2023-09-15].

[20] 张凯 . 水利工程建设项目管理模式的探究 [J]. 中文科技期刊数据库 ( 文摘版 ) 工程技术 , 2022(9):3.

[21] 高家仓 . 水利工程建设项目管理探索 [J]. 中国新技术新产品 , 2009(15):84.

[22] 王广全 , 修林发 , 魏志忠 . 水利工程建设项目管理 [M]. 天津：天津科技翻译出版公司 ,2012.

[23] 莫官松 . 关于加强我国水利工程建设项目管理的几点思考 [J]. 中国高新技术企业 , 2009(9):66.

[24] 刘晖 , 王迎春 . 水利工程建设项目管理系统的开发 [J]. 中国水利 , 2006(11):24.

[25] 聂军洲 , 郑文锦 . 水利工程建设项目管理方法 [J]. 当代经济 , 2009(6):10.

[26] 李喆 , 谭德宝 , 张穗 , 等 . 水利工程建设项目管理系统的设计与开发 [J]. 长江科学院院报 , 2014, 31(1):14.